Wissenschaftliche Taschenbücher WTB

Biologie

Martin Schmidt

Pflanzenschutz im Gartenbau

Akademie-Verlag · Berlin

WTB Wissenschaftliche Taschenbücher

WERNER HABERDITZL
Magnetochemie

A. A. SOKOLOW
Elementarteilchen

HEINZ AHRENS
Varianzanalyse

HANS-JÜRGEN TREDER
Relativität und Kosmos
Raum und Zeit in Physik, Astronomie und Kosmologie

ALBERT EINSTEIN
Grundzüge der Relativitätstheorie

ALBERT EINSTEIN
Über die spezielle und die allgemeine Relativitätstheorie

GÜNTHER LUDWIG
Wellenmechanik. Einführung und Originaltexte

HARRY PAUL
Lasertheorie, Teil I und II

FRANZ RUDOLF KESSLER
Einführung in die physikalischen Grundlagen der Kernenergiegewinnung

D. TER HAAR
Quantentheorie. Einführung und Originaltexte

J. H. SANDERS
Die Lichtgeschwindigkeit. Einführung und Originaltexte

JEAN KUNTZMANN
Unendliche Reihen
Mathematische Hilfsmittel der Physik und Chemie
Mit 94 Übungen und 29 Aufgaben

JEAN KUNTZMANN
Systeme von Differentialgleichungen
Mathematische Hilfsmittel der Physik und Chemie
Mit 88 Übungen und 40 Aufgaben

JEAN KUNTZMANN
Komplexe Veränderliche
Mathematische Hilfsmittel der Physik und Chemie
Mit 90 Übungen und 37 Aufgaben

FERDINAND CAP
Einführung in die Plasmaphysik
I. Theoretische Grundlagen

FERDINAND CAP
Einführung in die Plasmaphysik
II. Wellen und Instabilitäten

FERDINAND CAP
Einführung in die Plasmaphysik
III. Magnetohydrodynamik

J. A. ROSANOW
Wahrscheinlichkeitstheorie

HARRY PFEIFER
Theorie linearer Bauelemente
Elektronik für den Physiker I

HARRY PFEIFER
Die Elektronenröhre
Elektronik für den Physiker II

HARRY PFEIFER
Schaltungen mit Elektronenröhren
Elektronik für den Physiker III

HARRY PFEIFER
Leitungen und Antennen
Elektronik für den Physiker IV

HARRY PFEIFER
Mikrowellenelektronik
Elektronik für den Physiker V

HARRY PFEIFER
Halbleiterelektronik
Elektronik für den Physiker VI

GERHARD HÜBNER / KLAUS JUNG / ECKART WINKLER
Die Rolle des Wassers in biologischen Systemen

STEPHEN G. BRUSH
Kinetische Theorie, Teil I und II
Einführung und Originaltexte

EBERHARD HOFMANN
Eiweiße und Nucleinsäuren als biologische Makromoleküle
Dynamische Biochemie, Teil I

EBERHARD HOFMANN
Enzyme und energieliefernde Stoffwechselreaktionen
Dynamische Biochemie, Teil II

EBERHARD HOFMANN
Intermediärstoffwechsel
Dynamische Biochemie, Teil III

EBERHARD HOFMANN
Grundlagen der Molekularbiologie
und Regulation des Zellstoffwechsels
Dynamische Biochemie, Teil IV

HERBERT GOERING
Elementare Methoden
zur Lösung von Differentialgleichungsproblemen

PETER KRUMBIEGEL
Isotopieeffekte

D. M. BRINK
Kernkräfte. Einführung und Originaltexte

DIETER ONKEN
Steroide
Zur Chemie und Anwendung

HEINZ GEILER
Ökologie der Land- und Süßwassertiere

ARTHUR P. CRACKNELL
Angewandte Gruppentheorie. Einführung und Originaltexte

DIETER KLAUA
Elementare Axiome der Mengenlehre

GÜNTER TEMBROCK
Grundlagen der Tierpsychologie

J. F. VINSON
Optische Kohärenz
in der klassischen Theorie und in der Quantentheorie

W. R. HINDMARSH
Atomspektren. Einführung und Originaltexte

GÜNTER TEMBROCK
Biokommunikation
Informationsübertragung im biologischen Bereich
Teil I und II

ADOLF ZSCHUNKE
Kernmagnetische Resonanzspektroskopie
in der organischen Chemie

DIETER MERKEL
Riechstoffe

JOHN CUNNINGHAM
Vektoren

GEORG DAUTCOURT
Relativistische Astrophysik

ERNST SCHMUTZER
Symmetrien und Erhaltungssätze der Physik

GERHARD LERCH
Pflanzenökologie

MICHAEL GÖSSEL
Angewandte Automatentheorie, Band I
Grundbegriffe

MICHAEL GÖSSEL
Angewandte Automatentheorie, Band II
Lineare Automaten und Schieberegister

HEINRICH KINDLER
Der Regelkreis. Eine Einführung

A. R. KESSEL
Akustische Kernresonanz

WOLFRAM BRAUER / HANS-WALDEMAR STREITWOLF
Theoretische Grundlagen der Halbleiterphysik

HARRY PAUL
Nichtlineare Optik, Teil I und II

HANS BANDEMER / ANDREAS BELLMANN
WOLFHART JUNG / KLAUS RICHTER
Optimale Versuchsplanung

DIETRICH BENDER / ERNST-EGON PIPPIG
Einheiten, Maßsysteme, SI

DIETER KLAUA
Grundbegriffe der axiomatischen Mengenlehre, Teil I und II

E. G. GOLSTEIN
Konvexe Optimierung. Die Elemente der Theorie

HELMUT FRIEMEL / JOSEF BROCK
Grundlagen der Immunologie

L. A. SKORNJAKOW
Elemente der Verbandstheorie

HANS-MARTIN BARCHET
Chemie photographischer Prozesse

N. D. SHEWANDROW
Die Polarisation des Lichtes

JOACHIM NITSCHMANN
Entwicklung bei Mensch und Tier
Embryologie

SIEGFRIED HAUPTMANN
Über den Ablauf organisch-chemischer Reaktionen

EBERHARD TEUSCHER
Pharmakognosie, Teil I und II

KLAUS ODENING
Parasitismus. Grundfragen und Grundbegriffe

R. A. R. TRICKER
Frühe Elektrodynamik

KONRAD KREHER
Festkörperphysik

A. S. SONIN / B. A. STRUKOW
Ferroelektrizität

VOLKER KEMPE
Theorie stochastischer Systeme

ROLF BORSDORF / MANFRED SCHOLZ
Spektroskopische Methoden in der organischen Chemie

DIETER KLAUA
Kardinal- und Ordinalzahlen, Teil I und II

A. A. SMIRNOW
Metallphysik

WOLFGANG PAULI
Vierpoltheorie und ihre Anwendung auf elektrische Schaltungen

R. A. R. TRICKER
Die Beiträge von Faraday und Maxwell zur Elektrodynamik

HANS DAWCZYNSKI
Temperaturbeständige Faserstoffe aus organischen Polymeren

HANS DAWCZYNSKI
Temperaturbeständige Faserstoffe aus anorganischen Polymeren

GERALD WOLF
Neurobiologie

HORST KEHLEN / FRANK KRUSCHEL / HORST SACKMANN
Grundlagen der chemischen Kinetik

HANS BERGNER
Tierernährung

MARTIN SCHMIDT
Pflanzenschutz im Gartenbau

Vorschau auf die nächsten Bände:

ULRICH SEDLAG
Biologische Schädlingsbekämpfung

WTB

BAND 16

Martin Schmidt

Pflanzenschutz im Gartenbau

2., bearbeitete Auflage

mit 22 Abbildungen

AKADEMIE-VERLAG · BERLIN

Reihe BIOLOGIE

Verantwortlicher Herausgeber dieses Bandes:
Prof. Dr. H. Bochow

Verfasser:
Prof. Dr. Martin Schmidt
Kleinmachnow

1974

Herstellung: VEB Druckhaus „Maxim Gorki“,
74 Altenburg
Lizenznummer: 202 · 100/505/74
Bestellnummer: 760 012 6 (7016) · LSV 4384
Printed in GDR
EVP 8,–

Vorwort zur 1. Auflage

Die Anregungen und Forderungen des Pflanzenschutzes finden im Obst-, Gemüse- und Zierpflanzenbau von jeher Verständnis und Beachtung. Dieses Interesse erklärt sich aus der Tatsache, daß einmal die Schäden und Verluste an den Kulturen, die durch viele Pflanzenkrankheiten und Schädlinge entstehen, alljährlich sehr groß sind, zum andern aber in der Mehrzahl durch rechtzeitige und sachgemäße Pflanzenschutzmaßnahmen vermieden oder doch erheblich gemindert werden können. Mit seinem gegenüber den hohen Aufwendungen für die Kulturarbeiten bescheidenen Anteil gewinnt der Pflanzenschutz im Obst-, Gemüse- und Zierpflanzenbau als alle Kulturaufwendungen sichernder Faktor größte Bedeutung. Der Wert der Kulturen und die Höhe ihrer Ertragsleistungen rechtfertigen jedoch ohne weiteres höhere finanzielle Leistungen für Pflanzenschutzmaßnahmen. Das gilt auch für die Großflächenwirtschaft im Freilandanbau und unter Glas im Zuge der Mechanisierung der Arbeitsvorgänge.

Die nachfolgende Darstellung gibt einen Überblick über die vielfältigen Ursachen sowie über die große Zahl der Erreger von Pflanzenkrankheiten und der Schädlinge im Obst-, Gemüse- und Zierpflanzenbau. Sie versucht, die Möglichkeiten und Aufgaben des Pflanzenschutzes in der biologischen Abhängigkeit vom Anbau der drei gärtnerischen Kulturen sowie das bisher Erreichte und das noch Problematische in der Pflanzenschutzforschung und in der Ausnutzung ihrer Ergebnisse durch die Praxis aufzuzeigen. Die für die Bekämpfung jeweils geeigneten chemischen Wirkstoffe und ihre Anwendung brauchten im allgemeinen nur kurz behandelt zu werden. Sie sind in dem Band „Pflanzenschutzmittel“ dieser Taschenbuchreihe eingehend dargestellt.

Kleinmachnow, im März 1963

M. Schmidt

Vorwort zur 2. Auflage

Mit der industriemäßigen Produktion der Pflanzen hat sich der Pflanzenschutz auch im Gartenbau methodisch geändert. Neue chemische Wirkstoffe und Formulierungen sowie neuartige Ausbringungstechniken verbessern die praktischen Pflanzenschutzarbeiten, erfordern aber mehr denn je eine sorgfältige und gezielte, vor allem eine termingerechte und keine routinemäßige Anwendung, um unerwünschte Nebenwirkungen chemischer Pflanzenschutzmittel auszuschalten. Dem umweltschonenden „Integrierten Pflanzenschutz" kommt auch in der Obst-, Gemüse- und Zierpflanzenproduktion Bedeutung zu.

Die Konzeption der ersten Auflage des Taschenbuches ist beibehalten, neue biologische Erkenntnisse und Erfahrungen sind ausgewertet, und hinsichtlich der chemischen Pflanzenschutzmittel kann wieder auf den Band „Pflanzenschutzmittel" dieser Taschenbuchreihe verwiesen werden.

Kleinmachnow, im Oktober 1972

M. Schmidt

Inhalt

A. Allgemeiner Pflanzenschutz im Gartenbau

Im Gartenbau wird eine Vielzahl von Kulturpflanzen einheimischer oder aus anderen Erdteilen eingeführter Arten kultiviert, teils Einjahrspflanzen, teils ausdauernde winterharte Stauden oder Gehölze. Sie alle werden von Krankheitserregern und Schädlingen heimgesucht, die entweder allgemein verbreitet vorkommen oder bestimmten Familien oder auch Arten der gärtnerischen Kulturpflanzen angepaßt sind.

Die unterschiedlichen Ansprüche der gärtnerischen Kulturpflanzenarten und ihrer Sorten an Standort und Ernährung wie auch ihre spezifischen Anforderungen an die Kulturmaßnahmen lassen sich oft nur in Gartenbaubetrieben mit besonderer Ausrichtung auf Spezialkulturen befriedigen. Aber auch dann kommt es häufig genug zu Versehen oder Fehlern in der Kultur, zu unvorhergesehenen und nicht vermeidbaren schädlichen Einflüssen der Umwelt, so daß mit nichtparasitären oder nichtinfektiösen Krankheiten immer zu rechnen ist.

Der einseitige Anbau von Kulturen höchster Spezialisierung begünstigt im Gartenbau an sich schon das Auftreten und die rasche Ausbreitung von parasitären Krankheiten und von Schädlingen. Im Intensivanbau kommt als befallsfördernd die häufig enggestellte Fruchtfolge hinzu, wodurch die Gefahr der Verseuchung der Pflanzenbestände und des Bodens mit bestimmten Krankheitserregern oder Schädlingen vergrößert wird, aber auch leicht erhebliche Schäden infolge einseitiger oder übermäßiger Düngung, unter Umständen aber auch Mangelkrankheiten entstehen können.

Der Gartenbau als intensivste Form der pflanzlichen Produktion fordert von den Kulturpflanzen höchste Leistungen, er richtet die gesamten Kulturmaßnahmen auf das Ziel hoher Erträge bester Qualität aus. Dafür müssen natürlich entsprechende Aufwendungen gemacht werden. Diese Aufwendungen nicht nutzlos werden zu lassen und die Ertragsleistungen zu sichern, ist in hohem Maße die Aufgabe des Pflanzenschutzes im Gartenbau. Es gilt, Krankheiten und Schädlinge von den Kulturen fernzuhalten.

Die Freilandkulturen im Gartenbau umfassen Pflanzen mit ein- und mit mehrjähriger Nutzung, oder es sind Dauerkulturen über längere Zeit. Der Gartenbau kennt Anbauverfahren, welche die Entwicklung der Pflanzen verkürzen und die Ernte vorverlegen, er baut bestimmte Pflanzen durch Bedecken der Pflanzen mit Folien oder in geschlossenen Räumen unter Glas und Plasten an. Hier werden die Pflanzen unter annähernd optimalen Bedingungen der Temperatur, Belichtung und Ernährung für den jeweiligen Nutzungszweck kultiviert. Diese verschiedenen Kulturverfahren bedingen ihnen angepaßte Pflanzenschutzmaßnahmen in bezug auf die Auswahl der Pflanzenschutzmittel und ihrer Anwendungsverfahren. In ökonomischer Sicht verträgt der Gartenbau bei den hochwertigen und leistungsfähigen Kulturen auch höhere Aufwendungen für den Pflanzenschutz, ohne daß dadurch die Wirtschaftlichkeit gefährdet wird. Das führt dazu, daß das Interesse für die Maßnahmen des Pflanzenschutzes im Gartenbau in der Regel groß ist.

I. Durch Witterung, Standort und Kulturfehler hervorgerufene Krankheiten und Schäden im Gartenbau

Das Gedeihen der Kulturpflanzen hängt auch im Gartenbau entscheidend von den Umweltbedingungen ab. Die Pflanzen werden krank, wenn ihnen Klima und Standort nicht zusagen, wenn die Witterung zu ungünstig ist, wenn sie falsch ernährt werden oder Kulturfehler vorliegen. Derartige durch die unbelebte Umwelt verursachten oder nichtinfektiösen, nichtparasitären Krankheiten kommen im Gartenbau an seinen zahlreichen Kulturpflanzenarten mit unterschiedlichsten Kulturansprüchen naturgemäß recht häufig vor. Klima und Witterung bestimmen, ob ein Anbau überhaupt möglich ist. Der Gartenbau hat jedoch Anbauverfahren im Gemüse- und Zierpflanzenanbau entwickelt, die die klimatische Abhängigkeit weitgehend verringern oder ausschalten. Er vermag solche Kulturen durch Beheizen, Beregnen, Zusatzbelichtung zu intensiver, industriemäßiger, gärtnerischer Produktion zu gestalten. Gleichwohl bleibt eine gewisse Abhängigkeit selbst für Kulturen unter Glas bestehen, etwa der ungünstige Einfluß der lichtarmen Jahreszeit auf die Pflanzenanzuchten oder starker Außenfröste auf die Bestände im Haus. Bei den Freilandkulturen geben das Klima des Anbaugebietes und die Bedingungen der Anbaulagen den Ausschlag, ob und welche Pflanzenarten angebaut werden können.

Die Jahreswitterung entscheidet über das Gedeihen der Kulturen. Kälteeinwirkungen hemmen die Keimung und das Aufgehen, führen zu Wachstumsstockungen der Jungpflanzen und zu Erkältungskrankheiten in Form von Chlorosen, Rotfärbungen, Verkräuselungen der Blätter und Triebe. Ein plötzlicher Kälteeinbruch im Frühjahr gefährdet die Obstblüte und Befruchtung. Daß Kälteeinwirkungen und auch schroffe Temperaturschwankungen besonders dem Treibgemüse Schaden zufügen, ist erklärlich. Hier wird die Folgewirkung solcher Temperaturschäden, die sich in der Begünstigung des Auftretens von bakteriellen und pilzlichen Sekundärparasiten, etwa *Botrytis*-Fäulen oder Gurkenkrätze (*Cladosporium*) zeigt, besonders deutlich, während im Freiland mehr tierische Sekundärschädlinge, wie Maden von Wurzelfliegen (*Phorbia*), Tausendfüßer (*Diplopoda*), Milben (*Rhizoglyphus*, *Tyrophagus*), an den temperaturgeschädigten Keimlingen und Jungpflanzen auftreten können. Frosteinwirkungen als Herbst- oder Frühfröste unterbinden bei nicht winterharten Gewächsen die Vegetation und lassen oft die Samen nicht oder nur schlecht ausreifen, beschleunigen bei Gehölzen den Blattfall und können bei diesen am schlecht ausgereiften Holz Frostschäden mit nachfolgender Spitzendürre hervorrufen. Ein Winterfrost ist für nur bedingt frostwiderstandsfähige Pflanzenarten bei ungenügendem Winterschutz gefährlich. Verderblich für alle Pflanzenarten werden Kahlfröste in ihrer direkten Einwirkung auf die Wurzeln, besonders wenn Trockenheit dazukommt. Starke Winterfröste und vor allem auch die Frühjahrs- oder Spätfröste wirken verderblich auf die Dauerkulturen des Obstbaus und erfordern hier größte Aufmerksamkeit und entsprechende Vorbeugemaßnahmen. Für den Frühgemüsebau scheiden frostgefährdete Lagen, etwa Wiesen- und Moorgelände, bestimmte Tallagen oder Bodensenken aus, es gibt jedoch Frostschutzmöglichkeiten, wie Folienbedekkung oder Frostschutzhauben. Gegen die gefürchteten Strahlungsfröste in windstillen Frühjahrsnächten, wodurch Boden und Pflanzen unter klarem Himmel starke Wärmeverluste erleiden und sich so eine Kaltluftschicht über dem Boden bildet oder auch aus benachbarten „Frostlöchern" einfließt, sind in Zusammenarbeit mit einer Frostvorhersage Räucherungen oder Beregnen der Pflanzen während der gefährlichen Stunden allgemein üblich.

Übermäßige Wärme führt bei krautigen Gewächsen schnell zu Welkeerscheinungen, die zwar durch Wasserzufuhr wieder zu beheben sind, jedoch unter Umständen als Folgewirkung zu frühzeitigen Schosserbildungen, etwa beim Spinat, oder zum Pelzig- oder Holzigwerden von Wurzeln und Rüben führen. Hitze und starke Sonneneinstrahlung rufen Sonnenbrandschäden bei Früchten (Tomate, Beerenobst, Stein- und Kernobst) oder Hitzelaubfall bei Gehölzen hervor.

Starke Luftbewegung wirkt austrocknend und abkühlend auf Pflanzen und Boden ein. Heftiger Wind und besonders Sturm verursachen mechanische Schäden, die um so größer werden, je mehr sie von Niederschlägen wie Platzregen oder Hagelschlag begleitet sind, die den Boden verschlämmen, das Wurzelwerk der Pflanzen unterspülen und bei Hagelschlag gefährliche Wunden an krautigen Gewächsen und an Gehölzen hervorrufen. Auch Blitzschlag kann im Pflanzenbestand begrenzte kreisförmige Schadstellen oder schweren Schaden an Gehölzen herbeiführen. Auf den Zweigen lastende Schneemengen werden besonders den Nadelhölzern gefährlich.

Der physikalische und chemische Zustand des Bodens am Standort und in den verschiedenen Bodenschichten ist für das Gedeihen der Pflanzen bedeutungsvoll. Es kommt auf die Durchlässigkeit, Tiefgründigkeit, den Wassergehalt, die Wasserführung, den Gehalt an Humus- und Nährstoffen und die chemische Reaktion des Bodens an. Bodenverdichtungen hemmen das Wachstum der tiefwurzelnden Gewächse und bewirken Trockenheitsschäden als Vergilbungen und Welken, lassen „beinige“ Rüben heranwachsen und verursachen Spitzendürre und Gummifluß bei Gehölzen. Veränderungen im Grundwasserstand führen bei älteren Bäumen zur Wipfeldürre, weil sich solche Bäume an neue Bedingungen des Standortes nicht mehr anzupassen vermögen. Die Pflanzen stellen besondere Ansprüche an die chemische Reaktion des Bodens. Die einen gedeihen am besten im alkalischen, andere im neutralen oder sauren Bereich. Der Unkrautaufwuchs gibt oft wertvolle Hinweise auf den Reaktionszustand des Bodens, wenn Säure- oder Alkalitätsanzeiger unter den Unkräutern gruppenweise oder vergesellschaftet auftreten. Die chemische Bodenuntersuchung, auch Pflanzenuntersuchungen, geben dann einen endgültigen Aufschluß über richtiges Kalken des Bodens sowie über geeignete physiologisch saure oder alkalische Düngemittel.

Fehlen bestimmte Makro- oder Mikronährstoffe (Spurenelemente) im Boden oder sind sie im Boden chemisch so festgelegt, daß sie für die betreffenden Pflanzen nicht aufnehmbar sind, kommt es zu Mangelkrankheiten bei den Kulturpflanzen. Es treten Mangelsymptome auf, die zwar bei den jeweiligen Pflanzenarten nicht einheitlich sind, aber doch gewisse Anhaltspunkte für die Diagnose und für die endgültige Bestätigung durch einen Düngungsversuch geben. Stickstoffmangel läßt nur kümmerliche, meist heller grüne Pflanzen heranwachsen. Bei Kalimangel erleidet der gesamte Stoffwechsel der Pflanze empfindliche Störungen, was zu typischen Fleckenbildungen, zur Chlorose, zu sonstigen Verfärbungen, schlechter Samenbildung, zu kümmerlichen Rüben, Zwiebeln oder Knollen führt. Unter Phosphorsäuremangel leidende Pflanzen fallen in der Regel durch ihren gedrungenen Wuchs auf, der sich bis zu einer Starrtracht steigern kann. Kalkmangel wirkt vor allem ungünstig auf die Bodenstruktur, auf die Tätigkeit der Mikroorganismen im Boden ein und ist nicht selten Ursache für die chemische Festlegung von Nährstoffen, besonders Mikronährstoffe, im Boden sowie für mangelnde Entwicklung von Seitenwurzeln und Wurzelhaaren der Pflanzen, die dann die Nährstoffe nicht aufzunehmen vermögen. Magnesiummangel äußert sich in Chlorophylldefekten in Form von Scheckungen oder einer Marmorierung der Blätter zwischen den Blattadern. Er wirkt sich besonders im sauren Bodenbereich aus und steht offenbar in engem Zusammenhang mit einem ungünstigen Kalkhaushalt der leichten Böden. Der Mangel kann zu einer Vergilbung oder Chlorose der Pflanzen führen. Wir wissen jedoch, daß die Chlorose an sich eine Krankheitserscheinung ist, die bei den Kulturpflanzenarten auf ganz verschiedenen Ursachen beruhen kann. Die Erkrankung wird ausgelöst durch innere Stoffwechselvorgänge der Pflanzen, indem chemische, besonders Eisenmangel, oder strukturelle Zustände des Bodens, wie Bodennässe, Luftarmut, oder Temperaturrückschläge den Stoffwechsel ungünstig beeinflußt haben können. Zu Chlorophylldefekten zusammen mit Welkeerscheinungen kommt es im alkalischen Bodenbereich oft bei Manganmangel. Unter den gärtnerischen Kulturpflanzen werden durch ihn besonders Erbsen, bei denen er zu Kümmerwuchs und zu einer Braunherzigkeit der Samen führt, sowie Puffbohnen geschädigt, die schwächlich wachsen, fleckig werden und keine Blüten und Samen ansetzen. Für den Gartenbau wichtig sind die Erkrankungen der Pflanzen bei Bormangel. Er wirkt sich vornehmlich im embryonalen Pflanzengewebe aus und läßt Sprosse und Wurzeln an den Vegetationspunkten oder im Kambium der Leitbündel erkranken. So kommt es zur Herz- und Trockenfäule, etwa bei Rüben und Sellerieknollen, weil zuerst die Herzblätter erkranken, zu Hemmungen im Längenwachstum und zu Gewebedeformationen von Blättern, Sprossen und Wurzeln sowie zu empfindlichen Schädigungen der Blüten- und Fruchtstände. Im Obstbau führt Bormangel zu Mißbildungen der Äpfel. Er gilt hier als ein Faktor für die in Baumschulen und Obstanlagen zu beachtende Obstbaummüdigkeit, also für die Erscheinung, daß Obstbäume auf einem Boden, der schon Obstbäume der gleichen Art getragen hat, nicht mehr gedeihen wollen. Ein solches Verhalten der Unverträglichkeit mit sich selbst finden wir bei zahlreichen Kulturpflanzenarten. Sie lassen im Folgeanbau in der Wüchsigkeit und vor allem in der Leistung immer mehr nach. Der Begriff der Bodenmüdigkeit bezeichnet einen Zustand des Bodens, sagt aber zunächst nichts aus über die vielfältigen Ursachen der Erscheinung. Diese können auf einer einseitigen Stickstoffverarmung des Bodens beruhen, mit Veränderungen in der physikalisch-chemischen Beschaffenheit des Bodens zusammenhängen, als physiologische Störungen im Stoffwechsel oder als enzymatische Vorgänge der Pflanzen auftreten, durch Hemmstoffe aus der Zersetzung von Pflanzen- und Wurzelresten oder aus Wurzelausscheidungen bedingt sein und schließlich in ungünstigen Veränderungen in der Fauna und Flora der Mikroorganismen oder in einer Verseuchung des Bodens mit pflanzenpathogenen Organismen zu suchen sein. Als echte Bodenmüdigkeit gilt jedoch die Erscheinung, daß nur die betreffende Pflanzenart im Folgebau kümmert, nach entsprechendem Fruchtwechsel aber auf dem gleichen Standort wieder freudig wächst, wobei die im Boden sich zersetzenden Pflanzenreste der Art oder ihre Wurzelausscheidungen wuchshemmend sind und wohl auch bestimmte Nährstoffe, besonders Stickstoff, für die Pflanzenart durch die ungünstigen Vorgänge im Boden nicht mehr aufnehmbar werden. Von den sonstigen Mangelkrankheiten spielt im Gartenbau der Molybdänmangel eine besondere Rolle. Bekannt sind die Kohlherzenschäden besonders beim Blumenkohl (Abb. 17). Der Mangel führt hier zu einem einseitigen verstärkten Wachstum der Blattmittelrippe auf Kosten der Blattspreite und verhindert im extremen Fall die Ausbildung der Blumen. Bei Leguminosen werden die Stickstoffbindung durch die Knöllchenbakterien und damit das Wachstum der Pflanzen gehemmt. Weniger bedeutsam für die gärtnerischen Kulturpflanzen ist ein Kupfermangel. Dieser macht sich vornehmlich auf Heide- und Heidemoorböden bemerkbar, in denen das an sich von den Pflanzen nur in geringen Mengen benötigte Kupfer adsorptiv im Boden gebunden und dadurch nicht aufnehmbar für die Pflanzen ist. In der Regel wird jedoch auf solchen extremen Böden kein intensiver Gartenbau betrieben. Recht empfindlich reagieren Erbse und Ackerbohne auf Kupfermangel. Für den Obstbau schließlich erweist sich ein Zinkmangel im Boden als bedeutungsvoll. Er stört die Photosynthese und den Stoffwechsel der Pflanzen.

Aber auch wenn die Nährstoffe der Pflanzen im Überschuß im Boden vorhanden sind oder wenn einseitig überdüngt worden ist, werden Wachstum und Gedeihen der gärtnerischen Kulturpflanzen ungünstig beeinflußt. Bekanntlich regt ein Übermaß an Stickstoff das vegetative Wachstum an und führt zu mastiger Entwicklung mit sehr großen, saftreichen, oft buckligen Blättern, was im Gemüsebau ungünstige Auswirkungen auf Kochfähigkeit, Geschmack und Haltbarkeit des Gemüses zur Folge hat, im Obstbau die Neigung zum Fruchtansatz hemmt, die Fruchtreife verzögert, auch das Holz schlecht ausreifen läßt, für Kälte- und Frostschäden empfindlich macht und im Zierpflanzenbau die Blühwilligkeit der Stauden herabsetzt. Die „verweichlichten" Pflanzen werden anfällig für parasitäre Krankheiten und für einen Befall mit saugenden Schädlingen. Überschußgaben von Handelsdünger lassen „Übersalzungsschäden" entstehen, die Symptome von „Vergiftungen" bei den Pflanzen zeigen, teils herrührend von gewissen Beistoffen oder Umsetzungsprodukten der Handelsdünger, wie Chloriden in Kalisalzen. Die Vergiftungen äußern sich in Vergilbungen, nekrotischen Flecken, vertrocknenden Blatträndern, in Wurzelschäden und Spitzendürre. Bei Erdsubstraten für verschiedene Kulturen in der gärtnerischen Produktion unter Glas und Plasten gibt es jedoch Grenzwerte für den phytotoxischen Salzgehalt, nach denen Bodenuntersuchungen das Ausmaß der Düngung steuern. Erwähnenswert sind die Ätzschäden durch unsachgemäße Kopfdüngung oder die Verätzungen durch Ammoniakdämpfe nach der Verwendung zu frischen Pferdemistes bei Treibgemüse.

In Industriegebieten sind Rauchgasschäden aus Abgasen und Abgasdämpfen, die Chlor, Salzsäure, Schwefelwasserstoff, Ammoniak und andere für die Pflanzen giftige Stoffe enthalten, oder Flugasche die Quellen für Vergiftungen der Pflanzen. Diese zeigen dann je nach ihrer Empfindlichkeit typische Merkmale als Fleckenbildungen und Verfärbungen auf akute Schäden oder oft auch nur Wachstumshemmungen infolge chronischer Einwirkungen, die über den Boden auf die Wurzeltätigkeit vor sich gehen. Ebenso können Abwässer die Pflanzen vergiften. In Gewächshäusern entstehen nicht selten Rauchgasschäden aus undichter Heizanlage oder nach unvorsichtigem Ausschwefeln oder sonstigem Desinfizieren abgetragener Kulturen, aus Farbanstrichen besonders der Heizungsrohre und aus Holzschutzmitteln, die Teerdämpfe oder andere Ausdünstungen entwickeln. Eine undicht gewordene Leuchtgasleitung ist gelegentlich die Ursache einer Spitzendürre der Gehölze in Gärten, Straßen und Parkanlagen.

Hervorzuheben sind schließlich die Vergiftungen der Pflanzen bei falsch angewendeten chemischen Pflanzenschutzmitteln. Die von der chemischen Industrie entwickelten Präparate werden in ihrer Wirksamkeit auf die Krankheitserreger und Schädlinge amtlich geprüft und nach Dosierung und Anwendungsform anerkannt, die für die Kulturpflanzen phytotoxische Einwirkungen nicht entstehen läßt. Am günstigsten ist das Verhältnis der erforderlichen Dosierung zwischen der für die Heilung der Pflanze oder für die Abtötung des Krankheitserregers oder Schädlings benötigten (*dosis curativa*) sowie zwischen der für die Pflanze verträglichen Aufwandmenge des Mittels (*dosis toxica*), wenn es einem „Chemotherapeutischen Index“ ($D = c/t$) entspricht, der einen echten Bruch darstellt. Nicht beachtet wurde bisher die Tatsache, daß die Pflanzen auf ihnen applizierte chemische Mittel auch physiologisch in der Chlorophyllbildung und Atmung reagieren. Es besteht eine unterschiedliche Empfindlichkeit der einzelnen Arten von Krankheitserregern und Schädlingen für die verschiedenen Wirkstoffe und Beistoffe in den Formulierungen der Präparate sowie auch eine unterschiedliche Verträglichkeit der Kulturpflanzenarten und ihrer Sorten. Daher sind die Vorschriften für die Anwendung der Präparate genau zu beachten, wie sie von den Herstellerbetrieben und im amtlichen Pflanzenschutzmittelverzeichnis angegeben werden. Und doch kann es unter Umständen witterungsbedingt zu phytotoxischen Einwirkungen kommen. Die Gefahr ist bei manchen Fungiziden, wie Kupfer und Schwefel, gegen die zum Beispiel im Obstbau gewisse Arten und Sorten empfindlich sind, viel größer als bei Insektiziden, die in der Regel nur bei Überdosierungen und in falscher Ausbringungstechnik schaden werden. Dabei spielen Temperatur und Feuchtigkeit sowie der Entwicklungszustand der Pflanzen eine maßgebliche Rolle. Dieser letztgenannte Faktor bestimmt besonders bei den chemischen Unkrautbekämpfungsmitteln nicht nur den herbiziden Effekt, sondern entscheidet auch über die Verträglichkeit der Kulturpflanzen für die Ätz- und Wuchsstoffherbizide in der Bestandsbehandlung. Daß eine Abdrift solcher Mittel auf Nachbarkulturen zu schweren Pflanzenschäden führen kann, sei besonders erwähnt. Bei Anwendung der sogenannten Bodenherbizide, die im Vorauflaufverfahren auf und in den Boden gebracht werden und die die keimenden Ukrautsamen vernichten, sind die Verträglichkeit für den Wirkstoff an sich Voraussetzung für die Anwendung und ferner die Stabilität der Wirkstoffe der bestimmende Faktor für die Wahl der Nachfrucht.

Wenn jedoch durch entsprechende Ausbringungsverfahren Samen oder Wurzeln der Kulturpflanzen tiefer zu liegen kommen und das schwer lösliche Bodenherbizid in der obersten Bodenschicht verbleibt, werden die Kulturpflanzen nicht geschädigt, auch wenn sie physiologisch gesehen gegen das Herbizid empfindlich sind. Daß auch Herbizidrückstände im Spritzgerät und deren Vermischung nach unzureichender Säuberung des Behälters und der Zu- und Ableitungen mit nachfolgend ausgebrachten Fungiziden oder Insektiziden auf den Kulturpflanzenbestand phytotoxisch wirken, ist verständlich.

Ungünstige Auswirkungen in phytopathologischer Sicht haben zuweilen auch moderne Technologien in der Pflanzenproduktion. So begünstigt die Beregnung bestimmte pilzliche und bakterielle Erkrankungen, unterdrückt allerdings auch Schädlinge, etwa Kohlerdflöhe, oder die maschinelle Ernte bedingt Verletzungen am Erntegut (Möhren, Kopfkohl) und fördert dadurch Fäulen, besonders Lagerfäulen.

II. Krankheitserreger und Schädlinge im Gartenbau

Die **Viren** als Erreger von Infektionskrankheiten (Virosen) sind kleinste, in der lebenden Zelle vermehrungsfähige Agenzien, über deren Natur bisher keine Klarheit besteht. Die Viren werden als hochmolekulare chemische Substanzen angesehen oder als primitivste lebende Organismen gedeutet. Ihre Fähigkeit zu kristallisieren spricht für die erste, ihre Vermehrungsfähigkeit für die zweite Deutung. Die Viren kann man auf künstlichen Nährböden nicht züchten, sie brauchen die lebende Zelle des Wirtes zur Weiterentwicklung und Ausbreitung.

Die Pflanzenviren haben unterschiedliche Form und Größe, sie sind stäbchen- oder fadenförmig gestaltet oder isodiametrisch bzw. annähernd kugelförmig gebaut, also vielflächige Gebilde. Die Länge der gestreckten Viren beträgt zwischen über 100 bis über 600 nm (1 nm = 1 Millionstel mm) bei den stäbchenförmigen sowie zwischen über 700 bis über 1700 nm bei den fadenförmigen, ihre Breite etwa um 10–20 nm, während die vielflächigen Viren etwa 25 bis 40 nm im Durchmesser groß sind. Die Ausbreitung der Viren in der Pflanze geschieht über die Plasmabrücken der Zellen oder über das Gefäßsystem, die Ansteckung von Pflanze zu Pflanze vielfach mit dem Saft aus viruskranken Pflanzen. Die Übertragung unter natürlichen Verhältnissen ist bei den einzelnen Viren unterschiedlich. Sie ist auf mechanischem Wege dadurch möglich, daß dem virushaltigen Pflanzensaft über Wunden nach Berühren und Aneinanderreiben der Pflanzen oder bei den Kulturarbeiten (Ausgeizen der Tomaten, Umpflanzen) Eingang verschafft wird. Die Übertragung ist besonders leicht bei der vegetativen Vermehrung viruskranker Pflanzen möglich und kann in bestimmten Fällen auch durch Samen kranker Pflanzen erfolgen. Eine entscheidende Rolle spielen für die meisten Viren saugende Insekten, unter ihnen besonders Blattläuse und Zikaden, als Vektoren bei der Ausbreitung über die oberirdischen

Teile im Pflanzenbestand, sowie freilebende Nematoden (*Longidorus*, *Trichodorus*, *Xiphinema*) bei bodenübertragbaren Viren. Bei bestimmten Viren sind auch Pilze (Urpilze) als Überträger nachgewiesen. Die von den saugenden Insekten übertragbaren phytopathogenen Viren sind im Vektor persistent, also in ihm lange infektionstüchtig, wenn wiederholte Übertragung nach der Aufnahme des Virus im Insektenkörper erfolgen kann, oder nichtpersistent, d. h. sie verlieren mehr oder weniger schnell ihre Infektionstüchtigkeit. Die Infektion kann dabei entweder von Viruspartikeln ausgehen, die außen an den Stechborsten des Vektors anhaften, oder nach einem biologischen Prozeß im Vektor über Darm, Blut und Speichel beim Saugakt ausgelöst werden.

Die Symptome der Virosen sind sehr mannigfaltig: Blattmosaik in verschiedenen gelben oder hellgrünen Fleckungen, Linien, Ringen oder Bändern, Vergilbungen, nekrotische Verfärbungen, Veränderungen und Mißwuchs der Blätter, der Triebe, Zweige und Äste, wobei die Blattstiele, Stengel, Zweige oder Äste auch spröde und brüchig werden können, Vergrünungen oder Verfärbungen der Blüten, Mißbildungen der Früchte, Samen u. a. Das Fehlen solcher Symptome bedeutet kein Freisein der Pflanzen von einem Befall, unter gewissen Voraussetzungen kann das Virus in der Pflanze symptomlos verborgen (latent) oder, etwa nach starker Düngung, verdeckt (maskiert) sein. Die Inkubationszeit bis zum Sichtbarwerden von Erkrankungssymptomen ist bei den einzelnen Viren verschieden lang. Bei ihnen gibt es starke und schwache Stämme mit unterschiedlichem Krankheitsverlauf als Folge der jeweiligen Virulenz des Virus und der Reaktion der Wirtspflanze. In ihrer Infektiosität und Stabilität verhalten sich die Viren unterschiedlich. Auch ihr Wirtspflanzenkreis ist verschieden groß. Häufig treten in der Pflanze Mischinfektionen aus zwei und mehr Viren auf. Die physikalischen, chemischen und biologischen Eigenschaften der Viren dienen neben der bei vielen Viren im Elektronenmikroskop erkennbaren Gestalt zur Bestimmung der Virusarten. Die in den Pflanzen vorkommenden Viren sind als Nukleoproteide aus Protein und Ribonukleinsäure erkannt.

Eine direkte Bekämpfung der Viren ist nur in Sonderfällen, etwa durch Wärmetherapie (Behandlung kranker Pflanzenteile mit warmem Wasser oder mit Heißluft) möglich. Meristemkultur gestattet die Aufzucht neuer gesunder Pflanzen. Zu den wichtigsten Maßnahmen auch im Gartenbau zählen solche der Pflanzenhygiene. Hierzu gehören die Verlegung der Saat- und Pflanztermine, Verfrühung der Ernte, Änderungen im Nach- oder Nebeneinanderanbau oder Saat- und Pflanzgutkontrollen, gegebenenfalls mit der Testpflanzenmethode. Von großer Bedeutung sind der Anbau resistenter Sorten und die Unkrautbekämpfung, da besonders perennierende Unkräuter Virusreservoire auch ohne Symptomausbildung darstellen können. Die regelmäßige Bekämpfung der als Vektoren wichtigen saugenden Schädlinge trägt zur Eindämmung von Virusinfektionen bei.

Krankheitssymptome — Gelbfärbung (Yellows), Hexenbesen —, die denen von Virosen ähneln oder gleichen, können auch durch **Mykoplasmen** hervorgerufen werden. Sie sind kleinste Lebewesen ohne feste Zellwand, nur mit membranähnlicher Plasmabegrenzung und daher vielgestaltig. Sie können in zellfreiem Medium, auch auf Agar kultiviert werden. Mykoplasmen, zuerst als Krankheitserreger bei Tieren und bei Menschen erkannt, sind als Erreger von Pflanzenkrankheiten jetzt auch bei Kulturpflanzen im Gartenbau nachgewiesen. Für die Therapie ist charakteristisch, daß Mykoplasmen gegen Penicillin resistent sind, durch bestimmte andere Antibiotika aber gehemmt werden können und durch Vektoren (Zikaden, Blattläuse) übertragen werden.

Unter den pflanzlichen Parasiten spielen bei uns auch im Gartenbau die **Bakterien** oder Spaltpilze (*Schizomycetes*) als Erreger von Bakteriosen im Vergleich zu pilzlichen Parasiten eine geringere Rolle. Gleichwohl kann es durch sie, wenn auch in der Regel örtlich begrenzt, zu erheblichen Schäden kommen. Im Pflanzenschutz haben wir es mit stäbchenförmigen Bakterien zu tun, die als echte Parasiten aktiv, mit Geißeln beweglich, über Wunden und Körperöffnungen in die Pflanzen eindringen. Daneben trifft man häufig Bakterien als Sekundärparasiten an, die den durch andere Parasiten hervorgerufenen Krankheitsprozeß beschleunigen und, in ihrer Entwicklung begünstigt, allmählich die primären Erreger unterdrücken. Durch interzellular lebende Bakterien entstehen infolge der Enzymausscheidungen Fäulen, durch intrazellular lebende kommt es zu Fleckenbildungen, in den Leitungsbahnen sich aufhaltende bewirken Gefäßverstopfungen mit anschließendem Welken der Pflanzen (Gefäßbakteriosen). Manche Bakterien wirken anreizend auf die Teilung und Vermehrung der Pflanzenzellen und werden so Anlaß zu Wucherungen (Tumoren) an den Pflanzen. Alle diese bakteriellen Krankheitserscheinungen kommen im Gartenbau vor.

Bakterien sind auf künstlichen Nährböden züchtbar, sie bilden hier Kolonien von unterschiedlicher Gestalt und Färbung. Nach der Morphologie, dem Verhalten der Kulturen und ihrer Fähigkeit zur Abscheidung von Gasen, Säuren und anderen erkennt und gruppiert der Bakteriologe die Arten. Durch Isolierung, künstliche Kultur und Verimpfen wird der Beweis für die Pathogenität der Bakterienarten erbracht.

Durch pflanzenhygienische Maßnahmen versucht man auch im Gartenbau, das Auftreten von Bakteriosen zu vermeiden. Dabei hat sich gezeigt, daß in einzelnen Fällen auch Fungizide, wie quecksilberhaltige Beizmittel oder Kupfer, vorbeugend angewandt, befallsverhindernd wirken. Viel erwartet wird auch im Pflanzenschutz von der Anwendung der Antibiotika, sobald für den Pflanzenschutz brauchbare Formulierungen für die praktische Anwendung vorliegen. Beachtlich sind dabei neben der bakteriziden Wirksamkeit die Ausschaltung phytotoxischer Einwirkungen, die Frage der Karenzzeiten im Hinblick auf Verzehr und Verfüttern behandelter Pflanzen sowie das Entstehen resistenter Bakterienstämme. Anwendbar sind Antibiotika als Saatgutbeizmittel, als Spritz- oder Stäubemittel, auch in Kombination mit Fungiziden, doch ist die Wirksamkeit in hohem Maße von Umwelteinflüssen abhängig, und noch sind die ökonomischen Fragen für die Anwendung nicht geklärt.

Als Krankheitserreger gärtnerischer Kulturpflanzen haben **Pilze** für alle Zweige des Gartenbaues große Bedeutung. Sie sind die Erreger von Mykosen mit Krankheitserscheinungen, die sich als Auflagerungen oder Überzüge von Myzel der ektoparasitisch lebenden Pilzarten und als Fleckenbildungen, Welken, Fäulen und Wucherungen bei den endoparasitisch in den Pflanzenzellen (intrazellular) oder in den Zellenzwischenräumen (interzellular) wuchernden Arten darstellen. Zu den echten Parasiten der gärtnerischen Kulturpflanzen kommen fakultative Parasiten, die erst an wachstumsgehemmten oder durch Beschädigungen und sonstige Einflüsse im Gedeihen gestörten Pflanzen Krankheiten hervorrufen. Im vegetativen Wachstum breiten sich die Pilze mit ihrem aus dünnen Hyphen gebildeten Myzel aus; in vegetativer Vermehrung werden aus zerfallenden Hyphen (Oidien) oder als besondere Zellen Sporen gebildet, die auf Trägern exogen als Konidien abgeschnürt oder endogen in einer Zelle als Sporangien gebildet werden. Bei zahlreichen Pilzarten entstehen die Sporen auch in kleinen rundlichen Gehäusen (Pyknidien). Außer solchen Sporenformen entwickeln die Pilze bestimmte Hauptfruchtformen, die in enger Beziehung zu den Befruchtungsvorgängen stehen und nach denen sich die systematische Gliederung der Pilze richtet.

Gelangt die Pilzspore auf die Wirtspflanze, keimt sie unter zusagenden Bedingungen aus und infiziert die Pflanze. Nach einer Inkubationszeit kommt es zum Ausbruch der Mykose mit charakteristischen Symptomen, zu vegetativem Wachstum des Erregers, zur Ausbreitung und schließlich zu weiteren Infektionen durch die Sporen. Gegen das Ende der Vegetation hin bilden sich die Dauerfruchtformen, die entweder aus den obengenannten Hauptfruchtformen bestehen oder Gebilde aus Myzelverdichtungen (z. B. Sklerotien) sind. Im Innern der Wirtspflanze können viele Pilze aber auch als Myzel überdauern.

Die Erreger von Pilzkrankheiten gärtnerischer Kulturpflanzen gehören den folgenden Pilzklassen an:

Archimycetes (Urpilze): Der Vegetationskörper ist nackt ohne Zellwand. Die Urpilze leben daher im Innern der Wirtspflanze, in der sie sich als Ganzes zur Fruchtform umbilden. In dieser entstehen durch Geißeln bewegliche Zoosporen. – Hierher gehören die Erreger der Kohlhernie (*Plasmodiophora*) und von Keimlingskrankheiten (*Olpidium*).

Phycomycetes (Algenpilze): Der Vegetationskörper ist von einer Zellwand umgeben; bei den Parasiten der Kulturpflanzen besteht er aus einem verzweigten einzelligen, aber vielkernigen Myzel. – Hierher gehören die Falschen Mehltaupilze (*Peronosporaceae*). Schimmelpilze (*Mucoraceae*). Erreger von Keimlingskrankheiten (*Aphanomyces, Pythium*).

Ascomycetes (Schlauchpilze): Das Myzel der Pilze ist vielzellig, durch Scheidewände septiert. Die Hauptfruchtform besteht aus Schläuchen (Asci), die meist 8 Schlauchsporen enthalten und die sich teils ohne besondere Fruchtkörper, teils in geschlossenen Perithezien oder in schalenförmigen Apothezien entwickeln. Während der Vegetationszeit werden Konidien in offenen Lagern, an Konidienträgern oder in Pyknidien gebildet. Auch Sklerotien kommen vor. Hierher gehören die meisten der im Gartenbau gefährlichen Krankheitserreger wie Echte Mehltaupilze (*Erysiphaceae*), Schorfpilze (*Venturia*), Erreger von Blattfallkrankheiten und Monilia-Fäule und Polsterschimmel (*Monilinia, Sclerotinia*).

Basidiomycetes (Ständerpilze): Das Myzel der Pilze ist vielzellig und septiert. Die Hauptfruchtform ist die Basidie, die exogene Basidiosporen abschnürt und in der Kernverschmelzung und Reduktionsteilung stattfinden. Als Nebenfruchtformen kommen Konidien zur Entwicklung, die teils an Konidienträgern, teils in Fruchtkörpern (Spermogonien), teils als Umwandlungen von Hyphengliedern (Chlamydosporen) entstehen. – Hierher gehören die Rostpilze (*Uredinales*), die Splint- oder Kernfäulen der Bäume hervorrufenden Baumschwämme und Hutpilze (*Hymenomycetineae*) und die Brandpilze (*Ustilaginales*).

Fungi imperfecti (Unvollständige Pilze): Es sind Fadenpilze, deren Hauptfruchtform noch unbekannt ist, die ihre Konidien auf Konidienträgern (*Hyphomycetes*), in flachen Lagern (Acervuli) ohne Hülle (*Melanconiales*), in Pyknidien (*Sphaeropsidales*) entwickeln oder die lediglich als Myzelien (*Mycelia sterilia*) wachsen. – Hierher gehören die zahlreichen Blattfleckenpilze (*Cercospora, Septoria, Phyllosticta* u. a.), Welkeerreger (*Verticillium, Colletotrichum, Fusarium* u. a.) sowie Wurzeltöterpilze (*Rhizoctonia*).

Der Wirtspflanzenkreis der parasitären Pilze hat unterschiedlichen Umfang. Meist sind die Pilzarten auf bestimmte Gattungen oder Arten der Pflanzen spezialisiert. Die einzelnen Pflanzensorten sind häufig für Infektionen verschieden empfänglich und empfindlich, bis zur völligen Resistenz. Die Pilze selbst spalten in biologische Rassen oder Biotypen mit unterschiedlicher Virulenz auf. Manche Pilze, wie bestimmte Rostpilze, haben einen obligaten und regelmäßigen Wirtspflanzenwechsel.

Für die Bekämpfung der pilzlichen Krankheitserreger im Gartenbau sind die hygienischen Maßnahmen als Vorbeugemaßnahmen besonders wichtig, da die meisten Fungizide einen Befall nicht mehr zu hemmen vermögen. Die Fungizide wirken prophylaktisch, also durch Abtöten der keimenden Sporen die Infektion verhindernd, oder nach der Infektion noch kurativ (systemische Fungizide). Die wichtigsten fungiziden Wirkstoffe für die verschiedenen Anwendungsarten, wie Spritzen, Sprühen, Stäuben, Gießen, Saatgutbeize, Bodendesinfektion, sind Kupfer, Schwefel, organische Quecksilberverbindungen, Thiocarbamate, Thiurame, Captan, Chlornitrobenzole und Dinocap sowie Systemfungizide (Benzimidazole, Pyrimidine u. a.).

Aus dem Reiche der Blütenpflanzen (Phanerogamen) können **Schmarotzerpflanzen** die gärtnerischen Kulturpflanzen im Wachstum schädigen oder sie zugrunde richten. Als Vollschmarotzer, die des Chlorophylls entbehren, kommen gelegentlich Seide- (*Cuscuta*) oder die Sommerwurzarten (*Orobanche*) auf krautigen Gewächsen vor, in der Regel als Samen mit dem Gemüse- oder Zierpflanzensaatgut eingeschleppt. Als Halbschmarotzer sind die grünen Büsche der Misteln (*Viscum*) auf Laubhölzern und Obstbäumen sowie auf Tanne und Kiefer bekannte Erscheinungen. Sie entziehen mit ihren in den Ästen der Wirtspflanze verankerten Saugorganen dieser das Wasser und die Nährstoffe, assimilieren aber mit ihren immergrünen Blättern.

Aus dem **Tierreich** treten naturgemäß diejenigen Arten als Krankheitserreger oder Schädlinge der gärtnerischen Kulturpflanzen auf, die Pflanzenfresser (phytophag) sind oder die sich von pflanzlicher Kost ernähren. Sie sind teils monophag, eine bestimmte Pflanzengattung oder Pflanzenart auswählend, teils polyphag an zahlreichen Nährpflanzen, besiedeln die oberirdischen Pflanzenteile oder leben am und im Boden als Wurzelschädlinge. So ergibt sich bei der großen Verschiedenheit in der Lebensweise der Schädlinge eine Vielfalt von Schädigungen und auch Erkrankungen der gärtnerischen Kulturpflanzen. Solche Schädlinge stammen aus den Tierklassen und Tierkreisen der Würmer, Krebstiere, Tausendfüßer, Spinnentiere, Insekten, Weichtiere, Vögel und Säugetiere.

Fadenwürmer (*Nematoda*): Die parasitisch an und in den gärtnerischen Kulturpflanzen vorkommenden Arten gehören zu den Älchen (*Anguillulidae*), den eigentlichen „Nematoden" im Pflanzenschutz. Sie sind nur wenige Millimeter groß und vermehren sich durch Eier. Mit ihrem kräftigen Mundstachel wird das Pflanzengewebe verletzt und zum Aussaugen vorbereitet. In ihrem Vorkommen sind die Älchen an Feuchtigkeit gebunden, man kann daher den Nachweis des Vorhandenseins in Blättern und Trieben so führen, daß man die verdächtigen Pflanzenteile zerzupft, in ein Schälchen mit Wasser legt und nach einiger Zeit mit einer Lupe die sich im Wasser schlängelnden Älchen feststellt. Blattälchen (*Aphelenchoides*) erzeugen Blattflecke oder Mißbildungen der befallenen Pflanzen, Stock- und Stengelälchen (*Ditylenchus*) bewirken durch Verdickung der Triebe und durch eine Triebsucht die Stockkrankheit, Wurzelgallenälchen (*Meloidogyne*) bilden Wurzelgallen und zystenbildende Wurzelälchen (*Heterodera*) regen die befallenen Pflanzen zu krankhafter Übervermehrung der Faserwurzeln (bärtige Wurzeln) an und geben dadurch Anlaß zu Wuchsschäden. Zu diesen Nematoden kommen freilebende ektoparasitische Arten (*Pratylenchus* u. a.) als Wurzelschädiger, die bei für sie günstigen Vermehrungsbedingungen, etwa in Baumschulen, auftreten können. Nematoden (*Longidorus, Trichodorus, Xiphinema*) sind neuerdings auch als Überträger bodenübertragbarer Viren erkannt. Das Auftreten der parasitischen Älchen in biologischen, an bestimmte Pflanzenarten angepaßten Rassen hat auch für den Gartenbau im Hinblick auf Fruchtfolge und Anbaubeschränkung Bedeutung.

Ringelwürmer (*Oligochaeta*): In Topf- und Anzuchtkulturen des Gartenbaues können die als Bodenlockerer und Humusbildner an sich nützlichen Regenwürmer (*Lumbricidae*) und kleinen weißen Würmer (*Enchytraeidae*), wenn sie sich in der zu feucht gehaltenen Erde übervermehren, durch Fraß an den Haarwurzeln und Keimlingen sowie durch ihre Wühltätigkeit im Boden Schäden anrichten.

Asseln (*Isopoda*): Als kiemenatmende Krebstiere (*Crustacea*) sind die landbewohnenden Asseln (*Oniscus, Porcellio*) an feuchte Örtlichkeiten oder an feuchten Boden gebunden. Im Gemüse- und Zierpflanzenbau können sie auf solchen Biotopen, wie in Gewächshäusern, Frühbeetkästen, Vorratsräumen, zu feuchtem Gelände, durch Fraß an Keimpflanzen oder Früchten schädlich werden.

Die weiblichen Tiere tragen die Eier bis zum Ausschlüpfen der Jungen in einem Brutsack auf der Körperunterseite mit sich herum. Tagsüber halten sich die lichtscheuen Tiere verborgen.

Milben (*Acari*): Sie sind winzige Spinnentiere (*Arachnoidea*) und dadurch gekennzeichnet, daß bei ihnen Kopfbruststück und Hinterleib nicht mehr deutlich geschieden sind. Die Mundteile dieser Pflanzenparasiten sind stechend-saugend. Der Körper der Milben ist vielgestaltig, Männchen, Weibchen und Jugendformen sind verschieden. Die aus den Eiern geschlüpften Larven sind sechsbeinig, erst das nach einer Häutung entstandene Protonymphenstadium besitzt wie alle weiteren Nymphenstadien und schließlich das fertige Geschlechtstier die für Spinnentiere charakteristischen 8 Beine. Durch Einschaltung von Wander- und Ruhestadien kann der ganze Entwicklungsgang noch vielgestaltiger sein. Als Pflanzenfeinde haben im Gartenbau in erster Linie die Spinnmilben oder Roten Spinnen (*Tetranychidae*) Bedeutung. Es sind weichhäutige, rötlich oder grünlich gefärbte bewegliche Milben, die an den Blättern, oft unter zarten Gespinsten saugen. Bei manchen Arten überwintern die rötlichen Wintereier, bei anderen die weiblichen Tiere. Im Obstbau ist die Spinnmilbenausbreitung zu einem Spinnmilbenproblem geworden, aber auch bei Gemüse- und Zierpflanzen verdienen die Schädlinge in trockenen Jahren große Beachtung. Die Fadenfußmilben oder Weichhautmilben (*Tarsonemidae*) sind winzige bräunliche weichhäutige Milben unterschiedlichster Lebensweise. Im Erdbeeranbau (Erdbeermilbe) und im Zierpflanzenbau rufen einige Arten Verunstaltungen von Blättern und Trieben hervor. Von den Modermilben (*Tyroglyphidae*) sind die verhältnismäßig große und träge weiße Wurzelmilbe (*Rhizoglyphus*) für die Blumentreiberei bei Hyazinthen, Tulpen und Narzissen, andere Arten bei der Strohballenkultur im Gemüsebau unter Glas sehr beachtlich. Die mikroskopisch kleinen Gallmilben (*Eriophyidae, Phyllocoptidae*), die in den durch ihre Saugtätigkeit entstandenen Gallen massenhaft leben, haben eine langgestreckte wurmförmige Gestalt mit nur vier kurzen Beinen. Sie vermehren sich im Sommer parthenogenetisch. Aus der absterbenden Galle wandern die Milben zur Überwinterung in Knospen und unter Rindenschuppen ab. Bei Obstbäumen und Beerensträuchern können sich die Gallenbildung (Knospen-, Beutel-, Pocken-, Filzgallen) sowie die Saugtätigkeit auch ektoparasitischer Arten unter Umständen recht schädlich auswirken, bei Laubgehölzen stellen sie im allgemeinen „Schönheitsfehler" dar.

Tausendfüßer (*Myriapoda*): Die zu den Gliedertieren oder Kerbtieren (*Arthropoda*) gehörenden Tausendfüßer mit 2 Beinpaaren an jedem der zahlreichen Körperringe (*Diplopoda*) haben einen drehrunden, harten und zum Einrollen befähigten Körper. Auch sie sind wie die Asseln Bewohner feuchter und dunkler Orte, leben von zerfallenden vegetabilischen und tierischen Stoffen und können zu Gelegenheitsschädlingen an schlecht keimenden Samen, an kümmernden Keimpflanzen, an Rüben und Knollen sowie an Früchten, besonders Erdbeeren, werden. Die Vermehrung geschieht durch Eier, die Jungtiere sehen wie die ausgewachsenen Tausendfüßer aus.

Insekten (*Hexapoda*): Auch für den gärtnerischen Pflanzenschutz sind die phytophagen Insekten die wichtigsten Schädlinge. Sie rufen Fraß- oder Saugschäden hervor, und gewisse Ordnungen sind als Vektoren von Viren beachtlich. Die Insekten sind chitinisierte Kerbtiere (*Arthropoda*) mit scharf in Kopf, Brust und Hinterleib gegliedertem Körper mit 6 Beinen bei den Vollkerfen oder Imagines, mit einem Paar Fühler und meist mit Flügeln. Die Entwicklung erfolgt durch unvollkommene (Larve – Nymphe) oder vollkommene (Larve – Puppe) Verwandlung (Metamorphose) nach Häutungen der Jugendstadien. Lebensweise und Entwicklung der Insekten sind von außerordentlicher Mannigfaltigkeit. Die Vermehrung geschieht im allgemeinen durch Eier, bei manchen Arten auch parthenogenetisch und lebend gebärend. Larven und Imagines halten sich dauernd auf den Pflanzen auf, gewisse Arten auch festsitzend, oder wechseln die Nährpflanzen ständig, manche leben am oder im Boden als Wurzelschädlinge, wobei das Verhalten von Larven und Vollkerfen ganz verschieden ist. Sämtliche Entwicklungsstadien, je nach der Lebensweise der einzelnen Arten, können überwintern. Die Generationen sind ein- oder mehrjährig, zahlreiche Arten haben zwei oder mehr Bruten im Jahre. Temperatur und Feuchtigkeit bestimmen die Entwicklungsdauer und die Stärke des Auftretens. Für viele Arten ist die Witterung im Frühjahr der kritische Faktor. In der Regel sind trockene und warme Jahre Insektenjahre. Die folgenden Insektenordnungen haben für den gärtnerischen Pflanzenschutz Bedeutung:

Zu den primär Ungeflügelten Insekten oder Urinsekten (*Apterygota*), zarthäutigen, sehr schwach chitinisierten, kleinen und sehr beweglichen Tieren, gehören die Springschwänze (*Collembola*), von gestreckter oder kugelförmiger Gestalt, die mit Hilfe einer Springgabel auf der Unterseite des Hinterleibs zu springen vermögen. Sie leben von vegetabilischen vermodernden Stoffen auf verschiedensten Biotopen, sofern sie nur ausreichend feucht sind, und kommen zuweilen massenhaft vor. Die Collembolen sind im Hinblick auf die Humusbildung im Boden wertvolle Glieder der Bodenfauna. Manche Arten werden in Topfkulturen und in Pflanzenanzuchten des Gartenbaues, besonders wenn diese zu feucht gehalten sind oder der Boden versauert, auch in Champignonkulturen zu Gelegenheitsschädlingen, indem sie das Zerstörungswerk von Bodenschädlingen oder parasitischen Pilzen fortsetzen oder auch selbst an zarten Keimlingen nagen.

Alle anderen Insektenordnungen gehören zu den Geflügelten Insekten (*Pterygota*), die lediglich sekundär durch Rückbildung ungeflügelt sein können. Sie gliedern sich nach ihrem Entwicklungsgang in die Gruppe der Insekten mit unvollkommener Verwandlung (hemimetabol; Ei – Larve – Nymphe – Vollkerf), wobei Larve und Nymphe der Imago ähnlich sehen, aber noch flügellos sind, und in die Gruppe der Insekten mit vollkommener Verwandlung (holometabol; Ei – Larve – Puppe – Vollkerf), bei der Larve und Imago ganz unähnlich sind und die Puppe ein Ruhe- und Umwandlungsstadium darstellt. Pflanzenschädlinge des Gartenbaues sind aus der ersten Gruppe die Geradflügler, Blasenfüßer und Schnabelkerfe, aus der zweiten die Hautflügler, Käfer, Schmetterlinge und Zweiflügler.

Geradflügler (*Orthoptera*): Die meist großen, an warme Biotope angepaßten Insekten haben beißende Mundteile, mit denen die phytophagen Arten bei oberirdischer Lebensweise Blattfraß, bei unterirdischer Wurzelfraß ausüben. Der Typus der Geradflügler ist die Heuschrecke, ausgezeichnet durch ihre kräftigen, oft zum Springen befähigten Hinterbeine, die hornigen Vorder- und breiteren häutigen Hinterflügel, die dachförmig oder flach über dem Körper getragen und beide zum Fliegen gebraucht werden. Die in südlichen Ländern sehr schädlichen Heuschrecken können in wenigen Arten bei uns zu Gelegenheitsschädlingen werden. Ein Dauerschädling dagegen ist die unterirdisch lebende Maulwurfsgrille (*Gryllotalpa*) im Gemüse- und Zierpflanzenbau, Gelegenheitsschädling ist ferner im Zierpflanzenbau durch Zerfressen der Blüten der sonst harmlose Ohrwurm (*Forficula*).

Blasenfüßer (*Thysanoptera*): Die winzigen Insekten haben als kennzeichnendes Merkmal Haftblasen statt der Klauen an den zweigliedrigen Füßen, sehr schmale, durch lange Fransen verbreiterte vier Flügel (Fransenflügler) sowie stechend-saugende Mundteile. Man unterscheidet in der Entwicklung der Arten zwei Larvenstadien, die ebenfalls beweglichen Vorpuppen und Puppen und die Imago. Männchen sind selten, bei bestimmten Arten ganz unbekannt, daher geschieht die Vermehrung vielfach parthogenetisch. Zahlreiche Arten leben räuberisch und können zu Nützlingen im Pflanzenschutz, etwa als Feinde der Spinnmilben werden. Die phytophagen Arten haben Bedeutung für den gesamten Gartenbau, sie gehören zu den Blasenfüßern mit Legescheide (*Terebrantia*). Ein Blasenfußbefall wird kenntlich durch helle Fleckungen der Blätter und Blüten, durch Vertrocknen und Verkümmern von Knospen und Trieben, durch Korkbildungen an Hülsen und durch das Abfallen junger Früchte, wobei im allgemeinen dunkle Kottröpfchen auf den besogenen Pflanzenteilen die Urheber der Schäden verraten.

Schnabelkerfe (*Rhynchota*; *Hemipteroidea*): Die sehr umfangreiche Insektenordnung ist gekennzeichnet durch stechend-saugende Mundwerkzeuge, sie umfaßt die Wanzen (*Heteroptera*), die hornige oder lederartige Vorder- und häutige Hinterflügel besitzen, und die gleichflügeligen Pflanzensauger (*Homoptera*), zu denen die Zikaden (*Cicadina*), Blattflöhe (*Psyllina*), Mottenschildläuse (*Aleyrodina*), Blattläuse (*Aphidoidea*) und Schildläuse (*Coccina*) gehören. Sämtliche Gruppen haben für den Gartenbau entweder als Urheber schwerer Saugschäden an den Pflanzen oder auch als Virusvektoren große Bedeutung. Unter den im allgemeinen einzeln lebenden, bei Wärme und Sonnenschein flüchtigen Wanzen, die man meist auf den besogenen und verunstalteten Pflanzen nicht mehr antrifft, sind für den Gemüse- und Zierpflanzenbau, in wenigen Arten auch für den Obstbau die weichhäutigen Blindwanzen (*Miridae*) die Hauptschädlinge, Im Beerenobstbau können gewisse Schildwanzen (*Pentatomidae*) durch ihre stinkenden Ausscheidungen auf die Früchte lästig werden. In der biologischen Schädlingsbekämpfung sind räuberisch lebende Arten wichtig. – Die Zikaden oder Zirpen leben ebenfalls einzeln, sie zeichnen sich durch Sprungvermögen aus und haben kurze borstenförmige Fühler. Nur wenige Arten schaden dem Gartenbau durch ihre Saugtätigkeit. – Ganz ähnlich gestaltet sind die kleinen, zuweilen massenhaft auftretenden Blattflöhe, deren Larven meist gesellig an den Pflanzen saugen. Larven und Nymphen sind flach und wenig beweglich, die Vollkerfe haben Springbeine. Blattsauger können in alten Kernobstanlagen schweren Schaden anrichten. Örtlich spielt der Möhrenblattfloh eine Rolle. – Die Mottenschildläuse haben ihre deutsche Bezeichnung von der mottenähnlichen Gestalt der Geschlechtstiere und dem schildlausähnlichen Aussehen des letzten Larvenstadiums. Aus den Eiern schlüpfen bewegliche

Larven, die von Häutung zu Häutung ihre Gliedmaßen bis zum unbeweglichen Puparium reduzieren, aus dem dann die weißen, mehlig bestäubten Imagines schlüpfen. Die Larven eingeschleppter Arten richten in Gewächshäusern schwere Saugschäden an, im Freiland klimatisch begünstigter Gebiete kommen einheimische Arten als Schädlinge an Kohl und Erdbeerpflanzen vor. – Von größter wirtschaftlicher Bedeutung sind die gesellig oder in Kolonien vorkommenden Pflanzenläuse nicht nur durch ihre Saugtätigkeit und ihre Honigtauausscheidungen, die sich alsbald mit Rußtaupilzen bedecken und die Pflanzen verschmutzen, sondern vornehmlich auch als Vektoren von Viren. Die Vollkerfe können nicht springen. Sie leben als Blattläuse oberirdisch frei auf den Pflanzen, verunstalten durch ihr Saugen Blätter und Triebe, erzeugen auch Gallen, oder sie leben als Wurzelläuse im Boden. Die meisten der im Gartenbau schädlichen Arten gehören zu den Röhrenläusen, die durch die mehr oder minder langen Rückenröhren (Siphonen) ausgezeichnet sind. Die Vollkerfe haben vier gleichartige Flügel oder sind ungeflügelt. Die Entwicklung der Geflügelten vollzieht sich in unvollkommener Verwandlung (hemimetabol), der Ungeflügelten ohne Verwandlung (ametabol), die Vermehrung geschieht im Wechsel zwischen zweigeschlechtlichen oder eingeschlechtlichen (parthenogenetischen) Generationen (holocyklisch) oder nur in eingeschlechtlicher Generation (anholocyklisch). In holocyklischer Entwicklung schlüpft aus dem Winterei die ungeflügelte Stammmutter (Fundatrix), die eingeschlechtlich männliche und weibliche Nachkommen erzeugt, die sich zur Ablage der Wintereier befruchten oder erst zahlreiche Generationen von Jungfernläusen (Virgines) entstehen lassen, deren letzte als Geschlechtsmütter (Sexuparen) erst die Geschlechtstiere erzeugen. Bei vielen Blattlausarten wird der Generationswechsel noch durch einen Wirtspflanzenwechsel kompliziert. Auf der Hauptwirtspflanze (meist Gehölz) wird das Winterei abgelegt, aus dem die Stammutter schlüpft. Sie gebiert Jungfernläuse (Fundatrigenien), die sich eingeschlechtlich in ungeflügelten Generationen vermehren, deren letzte geflügelte auf Nebenwirtspflanzen (meist krautartige Gewächse) überfliegen, hier wieder ungeflügelte Jungferngenerationen (Virginogenien) und schließlich geflügelte Geschlechtstiere, entweder Männchen und Weibchen oder Weibchen-Mütter, erzeugen zur Ablage des Wintereis auf dem Hauptwirt. Viele Blattlausarten sind auf eine oder nur wenige Pflanzenarten spezialisiert. Andere besiedeln zahlreiche Wirtspflanzen im Freiland und in Gewächshäusern. Außer den Röhrenläusen haben noch andere Blattlausfamilien für bestimmte Kulturen des Gartenbaues Bedeutung: die zu den Zierläusen gehörende, weiße Wachsfäden ausscheidende Buchenlaus (*Phyllaphis fagi* L.), die zu den Blasenläusen gehörende, durch ihre weißen wolligen Wachsausscheidungen bekannte Blutlaus (*Eriosoma lanigerum* Hausm.) des Apfelbaums, die gleichfalls wachsausscheidenden Wolläuse der Nadelhölzer (*Adelgidae*) mit ihrem komplizierten Wirtswechsel und schließlich von den Zwergläusen die aus Amerika stammende Reblaus (*Dactylosphaera vitifolii* Shim.). – Infolge ihrer festsitzenden Lebensweise haben die weiblichen Schildläuse, die in Gestalt von Höckern oder Pusteln oder von Gebilden, die wie ein Schild oder wie ein Komma aussehen, auf den Pflanzen festgesogen, meist in Anzahl dicht beieinander sitzend, eine Veränderung ihres Körperbaues erfahren, so daß sie nicht mehr wie Insekten aussehen. Die Weibchen stellen ein geschlechtsreifes Larvenstadium dar, das

Massen von Eiern produziert, aus denen nur für kurze Zeit bewegliche Freilarven entstehen, die sich alsbald festsetzen und über einige Häutungen zu Weibchen werden. Die männlichen Schildläuse, die bei den meisten Arten selten sind und bei bestimmten ganz fehlen, so daß Parthenogenese vorherrscht, sind freibeweglich und geflügelt wie die Zweiflügler (*Diptera*) mit verkümmerten Hinterflügeln (Halteren), aber ohne Mundwerkzeuge. Schildläuse sind beachtliche Parasiten der Obstbäume und Beerensträucher, der Laub- und Nadelgehölze. Weltweit verbreitete, bei uns eingeschleppte Arten gehören in Warmhauspflanzenkulturen zu den gefährlichsten und schwer bekämpfbaren Schädlingen. Die rotbraunen Napfschildläuse (*Lecaniinae*) erzeugen massenhaft Eier unter ihrer gewölbten und erhärteten Rückenhaut oder in einem aus weißer Wachsmasse gebildeten Eisack. Zahlreiche Arten sind Schädlinge der Gehölze, andere für Warmhauspflanzen. Wichtige Obstbau- und Gehölzschädlinge sind die Deckelschildläuse (*Diaspinae*), deren wie ein Fleischklümpchen aussehende Weibchen unter einem aus Chitin- oder Wachsausscheidungen und aus Larvenhäuten entstandenen rundlichen oder länglichen Schild leben. Zu ihnen gehört die gefürchtete San-José-Schildlaus (*Quadraspidiotus perniciosus* Comst.). Frei bewegliche, segmentierte Tiere sind die Woll- oder Schmierläuse (*Coccinae*) geblieben, mehlig weiß bepuderte heimische Arten auf der Rinde von Laubgehölzen oder aus wärmeren Ländern eingeschleppte Arten in Warmhäusern an den verschiedensten Zierpflanzen.

Hautflügler (*Hymenoptera*): Zu ihnen gehören sehr verschieden gestaltete Insekten mit holometaboler Entwicklung und sehr unterschiedlicher Lebensweise. Vier häutige Flügel sind für die Imagines charakteristisch (flügellos sind bestimmte Ameisenstadien), ihre Mundteile sind beißend oder leckend-saugend. Unter den Pflanzenwespen (*Symphyta*), bei denen der Hinterleib dem Bruststück breit angefügt und mit ihm fest verbunden ist und deren raupenähnliche Larven Pflanzenfresser sind, haben die Blattwespen (*Tenthredinidae*) für den Gartenbau die größte Bedeutung. Ihre Larven fressen entweder frei auf den Blättern (Afterraupen) oder leben in Gallen und Minen oder als Sägewespen (*Hoplocampa*) in Früchten des Kern- und Steinobstes, oder sie bohren in den Trieben von Edelrosen. Gesellig in Gespinsten fressen die Larven der Gespinstblattwespen (*Lydidae*) an Laub- und Nadelhölzern. In Form einer Wespentaille ist der Hinterleib gelenkig mit dem Bruststück bei den anderen Hautflüglern verbunden (*Apocrita*). Sowohl die Hautflügler mit Legestachel (*Terebrantia*), zu denen Gallwespen und in Insekten parasitierende Schlupfwespen gehören, als auch die Hautflügler mit Giftstachel (*Aculeata*), also die staatenbildenden Faltenwespen, Bienen, Hummeln und Ameisen, deren Larven keine Pflanzenfeinde sind, haben für den Gartenbau als Pflanzenschädlinge im allgemeinen weniger Bedeutung und sind nur lokal wichtig.

Käfer (*Coleoptera*): Die zu harten und hornigen Flügeldecken (Elytren) umgebildeten Vorderflügel, unter denen die häutigen Hinterflügel zusammengefaltet getragen werden, und die beißenden Mundteile sind Kennzeichen für die äußerst vielgestaltigen Käfer. Ihre Larven sehen ebenfalls ganz unterschiedlich aus. Die Larven der karnivoren und der freilebenden phytophagen Arten haben sechs Beine, die der in Pflanzenteilen lebenden keine Gliedmaßen. Zu den erstgenannten gehören die Larven der Laufkäfer (*Carabidae*), die Engerlinge der maikäferartigen Blatthornkäfer (*Melolonthinae*), die Drahtwürmer der Schnellkäfer (*Elateridae*) und die Larven der Blattkäfer (*Chrysomelidae*), zur zweiten Gruppe die Larven von Rüsselkäfern (*Curculionidae*), Samenkäfern (*Bruchidae*), Borkenkäfern (*Ipidae*), Prachtkäfern (*Buprestidae*) und Bockkäfern (*Cerambycidae*). Im Obstbau wird erheblicher Schaden durch Rüsselkäfer angerichtet, die hier als Schädlinge der Blattknospen, Blütenknospen oder Früchte auftreten. Im Gemüsebau kommen zu den Rüsselkäferschäden, die vornehmlich im Kohlanbau an den Setzlingspflanzen entstehen, solche durch Blattkäfer, Drahtwürmer und Engerlinge sowie bei Erbsen und Bohnen durch Samenkäfer hinzu. Diese Gruppen haben auch für den Zierpflanzenbau Bedeutung, bei den Ziergehölzen sind Schäden durch Borkenkäfer beachtlich.

Schmetterlinge (*Lepidoptera*): Vier gleichartige beschuppte und meist bunte Flügel und der lange, einrollbare Saugrüssel kennzeichnen die Falter, während die Raupen durch die Kopfkapsel, sechs gegliederte Brust- und mehrere ungegliederte Bauchfüße sowie Nachschieber am walzenförmigen Körper charakterisiert sind. Nach Aussehen und Größe weisen die Schmetterlinge Verschiedenheiten auf. Sie fliegen teils am Tage, teils in der Dämmerung oder während der Nacht. In der Ruhe halten die Tagfalter (*Rhopalocera*) die Flügel nach oben zusammengeklappt, die Spanner (*Geometridae*) seitlich weggestreckt, die Eulenfalter (*Noctuidae*), Wickler (*Tortricidae*), Zünsler (*Pyralidae*) und Spinner (*Lymantriidae*, *Lasiocampidae*) flach oder dachförmig über dem Hinterleib. Die Raupen sind nackt oder beborstet oder mehr oder weniger dicht behaart, sie leben einzeln oder gesellig, frei oder in Gespinsten oder bohren in Pflanzenteilen oder minieren in Blättern. Sie halten sich teils oberirdisch oder in den Pflanzen, teils im Boden oder in den Wurzeln auf. Als Pflanzenfresser gehören die Raupen zu den schlimmsten Schädlingen im gesamten Gartenbau.

Zweiflügler (*Diptera*): Nur die beiden Vorderflügel sind als funktionstüchtige häutige Flügel aus-, die Hinterflügel zu Schwingkölbchen (*Halteren*) rückgebildet. Die Mundteile der Imagines wirken leckend-saugend oder stechend-saugend. Die Larven sind stets beinlos. Zu den Mücken (*Nematocera*) gehören große bis winzig kleine Insekten, stets aber von schlanker Gestalt und mit sehr langen Beinen und langen Fühlern. Die Larven haben eine Kopfkapsel mit beißenden Mundteilen sowie einen mehr oder minder deutlich geringelten Körper als Bodenbewohner bei den Schnaken (*Tipulidae*) und bei den Haarmücken (*Bibionidae*), die als Gemüse- und Zierpflanzenschädlinge wichtig sind. Bei den winzigen weiß, gelb oder rot gefärbten Larven der Gallmücken (*Itonididae*), die auch für den Obstbau Bedeutung haben, ist die Kopfkapsel zur Brustgräte verkümmert, die Mundwerkzeuge sind saugend. Die Larven verwandeln sich in eine Mumienpuppe, entweder frei in der Galle oder in einem Kokon in der Erde oder in der erhärtenden letzten Larvenhaut (*Puparium*). — Gedrungen gebaut sind die Fliegen (*Brachycera*), mit nur kurzen Fühlern. Die Larven haben keine deutliche Kopfkapsel, bei den Pflanzenschädlingen einen vor- und rückwärts beweglichen Mundhaken im verschmälerten Vorderende (Maden), sie verpuppen sich in der letzten Larvenhaut (Tönnchenpuppe), es kommen aber auch freie Puppen vor. Wichtig für den Obstbau als Fruchtfliegen und für den Gemüsebau als Spargel- und Selleriebohrfliegen sind die bunt geflügelten Bohrfliegen (*Trypetidae*). Die Minierfliegen (*Agromyzidae*) rufen Schäden im Gemüse-

und Zierpflanzenbau hervor, als Wurzelfliegen sind die Blumenfliegen (*Anthomyidae*) gefürchtete Schädlinge im Kohl- und Hülsenfruchtanbau. Die außerordentlich umfangreiche und in Gestalt und Lebensweise so unterschiedliche Insektenordnung der Zweiflügler umfaßt außerdem Haushalt- und Hygieneschädlinge, Parasiten der Haus- und Wildtiere und schließlich Insektenschmarotzer, die für den Pflanzen- und Forstschutz in der biologischen Bekämpfung wertvoll sind.

Schnecken (*Gastropoda*): Die zu den Weichtieren (*Mollusca*) gehörenden Schnecken haben einen ungegliederten Körper, sie bewegen sich unter Schleimabsonderung kriechend fort. Bei den Nacktschnecken tragen die Egelschnecken (*Limacidae*) das Atemloch hinter der Mitte des eine dünne Kalkschale enthaltenden Rückenschildes, die Wegschnecken (*Arionidae*) die Atemöffnung vor der Mitte des einzelne Kalkkörner enthaltenden Rückenschildes. Diese Nacktschnecken wie auch die Gehäuseschnecken (*Helicidae*) treten im Gartenbau als Gelegenheitsschädlinge durch Fraß an Blättern, Früchten, Knollen und Rüben auf, wenn ihre Vermehrung durch Feuchtigkeit begünstigt wurde. Die Landschnecken atmen durch Lungen, sie sind getrennt geschlechtlich oder zwittrig und begatten sich dann wechselseitig. Die Fortpflanzung geschieht durch Eier.

Wirbeltiere (*Vertebrata*): Auch im Gartenbau können verschiedene Vogelarten zur Zeit der Aussaat, während des Auflaufens der Pflanzen, zur Zeit der Frucht- und Samenreife beträchtlichen Fraßschaden anrichten, wie etwa Sperlinge, Krähenvögel, Finkenarten, Drosseln und Tauben. Im Feldgemüsebau gesellen sich zu diesen die jagdbaren Hühnervögel. Zu gewissen Zeiten, besonders wenn die Jungen gefüttert werden, können aber auch diese Arten durch Vertilgen schädlicher Insekten und sonstiger Schädlinge recht nützlich werden. Andererseits richten mitunter auch nützliche Insektenfresser Fraßschäden an gärtnerischen Kulturen an. Ob eine Vogelart als nützlich oder schädlich anzusprechen ist, wird durch die örtlichen Gegebenheiten bestimmt. Im allgemeinen zielen die Maßnahmen gegen schädliche oder lästige Vogelarten auf Abschreckung. – Von den Säugetieren (*Mammalia*) kommt den Nagetieren (*Rodentia*), darunter Mäusen, Ratten und Hamstern, sowie den Hasenartigen (*Lagomorpha*), unter ihnen Hasen und Wildkaninchen, durch Fraß an Obstbäumen, Knollen, Wurzeln und Vorräten Bedeutung zu.

III. Pflanzenschutzmaßnahmen im Gartenbau

Die Kulturpflanzen unter sorgfältiger Beachtung der Ansprüche zu kultivieren, die die Pflanzen an die Umwelt, an Standort, Ernährung und Pflege stellen, ist naturgemäß auch eine Forderung des Pflanzenschutzes, denn Kulturfehler schwächen das Wachstum der Pflanzen und schaffen eine Krankheitsdisposition. Frost- und Sonnenbrandschäden, Welken oder Zweigdürren als Folge von Wassermangel, Chlorosen und andere Verfärbungen infolge physiologischer Störungen, Mangelkrankheiten durch fehlende oder nicht aufnehmbare Makro- oder Mikronährstoffe sind Beispiele dafür. Da aber Kulturfehler das Gedeihen der Kulturpflanzen auch dahin ungünstig beeinflussen, daß diese für parasitäre Erkrankungen und für manchen Schädlingsbefall anfälliger werden, wird die Forderung nach strenger Beachtung der Kulturansprüche der Pflanzen zu einer Aufgabe der **Pflanzenhygiene** und verschafft ihr besonderen Nachdruck.

Es zeigt sich, daß nicht nur die Disposition der Pflanzen für eine Erkrankung oder einen Schädlingsbefall bei geschwächtem Wachstum erhöht wird. Falsche Kulturmaßnahmen fördern oft geradezu die Vermehrung und Ausbreitung von Krankheitserregern oder Schädlingen, etwa wenn zu tief oder zu falschem Termin gesät oder gepflanzt wurde, die Pflanzen zu eng oder der Bestand zu dicht zu stehen kommen. Auch in phytopathologischer Sicht verdienen Schnitt, Wundpflege, Entrümpelungsmaßnahmen, Baumschulkontrolle im Obstbau und bei Ziergehölzen sowie eine den Ansprüchen der Pflanzenarten und ihrer Sorten, den Boden- und Standortsbedingungen angepaßte Fruchtfolge und Ernährung der Pflanzen größte Beachtung. Sachgemäßer Fruchtwechsel ist Voraussetzung zur Vermeidung einer Bodenverseuchung mit pathogenen Organismen und der für bestimmte Kulturen gefürchteten Erscheinungen der Bodenmüdigkeit.

Die Auswahl gegen Pilz- oder Schädlingsbefall oder gegen Viruskrankheiten widerstandsfähiger Sorten gehört zu den wichtigsten pflanzenhygienischen Maßnahmen, wenn auch die Widerstandsfähigkeit der Sorten selten eine absolute ist und in der Regel von Umwelt- und Kulturbedingungen entscheidend abhängt. Allein schon die entsprechende Auswahl des Saat- oder Pflanzgutes nach seiner Herkunft kann sich als vorbeugend gegen Pflanzenkrankheiten auswirken. Die unterschiedliche Widerstandsfähigkeit der Sorten wird häufig durch ihren ungleichen Entwicklungsrhythmus bestimmt, indem oft Zeit und Dauer des Austriebes und des Abblühens entscheidend sind, oder morphologische Eigenschaften, wie die Dicke der Epidermis oder die verschiedene Behaarung, üben einen Einfluß aus. Im Obstbau kann auch die Unterlage das Verhalten der Sorte beeinflussen. Eine auf inneren, erblichen Eigenschaften beruhende echte Resistenz ist selten, weil pilzliche Krankheitserreger und Schädlinge in verschieden virulente oder aggressive Biotypen oder Stämme und Rassen aufspalten und ungleich verbreitet vorkommen.

Auf oder in abgestorbenen Pflanzen oder Pflanzenrückständen überdauern viele Krankheitserreger und Schädlinge. Beseitigung und Vernichtung solcher Pflanzen oder ihrer Teile sind daher wichtige phytosanitäre Maßnahmen, die allerdings oft, etwa bei der Entrümpelung im Obstbau oder bei der Kompostierung von Pflanzen und ihrer Rückstände, nicht genügend beachtet werden. Besonders im Gemüse- und Zierpflanzenbau wird häufig übersehen, daß im üblichen Kompostierungsverfahren Krankheitserreger oder Schädlinge, besonders auch Nematoden, nicht restlos zugrunde gehen und mit der Komposterde wieder in das Kulturland eingeschleppt werden.

Die hygienischen Maßnahmen schaffen die Voraussetzungen für das gute Gedeihen der Kulturpflanzen und sind darauf ausgerichtet, den parasitären Krankheitserregern und den Schädlingen günstige Entwicklungsbedingungen möglichst zu versagen. Bei dem hohen Vermehrungspotential der Parasiten kommt es witterungsbedingt oft schlagartig zu Epidemien und Kalamitäten, deren Anfängen mit chemischen Pflanzenschutzmitteln begegnet werden muß. Der Pflanzenhygiene dient es auch, Saatgut gegen samenübertragbare Pilze vorbeugend mit Fungiziden zu beizen und Pflanzgut gegen festsitzende, verschleppbare Schädlinge zu begasen und schließlich den Boden zu entseuchen, um darin oder in Kulturerden überdauernde, verseuchende parasitäre Pilze und Bodenschädlinge abzutöten. Bestandsbehandlungen während der Zeit der Vegetation sind jedoch im Obst-, Gemüse- und Zierpflanzenbau zur Gesunderhaltung und zum Schutze der Pflanzen unerläßlich, sie gehören zur **Chemotherapie** in phytopathologischem Sinne und dienen der Vernichtung der Krankheitserreger und Schädlinge und stellen nur in bestimmten Fällen, etwa gegen Mangelkrankheiten oder in gewissem Umfang beim Einsatz systemisch wirkender Fungizide, eine echte Therapie durch Ausheilung der Krankheit dar.

Die Anwendung der Fungizide in den verschiedenen Verfahren der Bestandsbehandlung soll die Pilzinfektion verhindern, indem die durch Wind, Wasser oder sonstwie auf die Pflanzen gebrachten Sporen durch den Fungizidbelag am Auskeimen gehemmt werden oder dem Keimschlauch das Eindringen verwehrt wird. Der Anwendungstermin und die sorgfältige technische Durchführung der Behandlung sind also wichtigste Voraussetzungen eines Erfolges in der Bekämpfung von Pilzkrankheiten.

Insektizide, Akarizide, Nematizide und sonstige Wirkstoffe gegen Schädlinge wirken gegen einen schon vorhandenen Befall, wobei gegen festsitzende Schädlinge oder ihre Entwicklungsstadien die gleichmäßige Aus- und Aufbringung der Mittel wichtig ist, während bewegliche, wandernde Schädlinge auch begiftet werden, wenn sie bei der Applikation nicht direkt getroffen werden. Die synthetischen Insektizide bieten sich hierfür besonders an. Organische Phosphorverbindungen vermögen infolge ihrer Tiefenwirkung auch solche Schädlinge zu erfassen, die bei versteckter Lebensweise, etwa Blattläuse zwischen verkräuselten Blättern oder in den Blättern minierende Larven, kaum oder nicht direkt getroffen werden können. Bei systemischen Insektiziden hängen deren Verteilung im System der Pflanzen und damit die Wirksamkeit auf den Schädling weitgehend von der Intensität des vegetativen Wachstums der behandelten Pflanze ab. Das Einhalten bestimmter Anwendungstermine ist auch für die Bekämpfung der Schädlinge wichtig, weil im allgemeinen die Jugendstadien empfindlicher auf die Bekämpfungsmittel ansprechen als ältere und nur anfangs oberflächlich fressende Schädlinge. Ebenso sind die Raupen des Apfelwicklers oder des Erbsenwicklers oder die Larven der Sägewespen im Obstbau nur zu bestimmter Zeit bekämpfbar.

Die chemischen Pflanzenschutzmittel haben unbeschadet ihrer oft erheblichen Wirkungsbreite keine universale fungizide, insektizide, akarizide oder sonstige Wirksamkeit, da die parasitären Krankheitserreger und die Schädlingsgruppen auf die einzelnen Wirkstoffe verschieden ansprechen. Die jeweils richtige Auswahl der Wirkstoffe ist also eine Voraussetzung für den Bekämpfungserfolg. Die Wirksamkeit der aus den Wirkstoffen formulierten Präparate der chemischen Industrie in der jeweiligen Aufwandmenge und Anwendungsart und ihr toxisches Verhalten werden im Rahmen der obligaten amtlichen Pflanzenschutzmittelprüfung kontrolliert und die so geprüften und anerkannten Präparate alljährlich im Pflanzenschutzmittelverzeichnis veröffentlicht. Es gibt darin auch Hinweise über die Zugehörigkeit der Präparate zu den Giftklassen des Giftgesetzes, über zu beachtende Vorsichtsmaßnahmen bei der Anwendung und Richtlinien für einzuhaltende Karenzzeiten (Wartezeiten) beim praktischen Einsatz, das heißt, wieviele Tage oder Wochen vor Erntebeginn mit Hinblick auf gefährliche Pflanzenschutzmittelrückstände am Erntegut zum letzten Male behandelt werden darf.

Die Anwendung chemischer Pflanzenschutzmittel im Obst-, Gemüse- und Zierpflanzenbau bedingt aber auch ökonomische Überlegungen. Durch richtige Wahl des Wirkstoffes und des Anwendungsverfahrens, durch günstigste Anwendungstermine und durch nur wenige Wiederholungen soll ein möglichst großer Bekämpfungserfolg erzielt werden. Auch von dieser Warte her wird die große Bedeutung der Prognose und eines Warndienstes im Pflanzenschutzdienst deutlich. Beide haben darüber zu entscheiden, ob überhaupt und wann Bekämpfungsaktionen notwendig werden, und mitzuhelfen, die Unterlage für eine sinnvolle Planung der Präparate und der für die Anwendung oder Ausbringung erforderlichen Pflanzenschutzgeräte zu erbringen. Es darf jedoch nicht verkannt werden, daß im Obst-, Gemüse- und Zierpflanzenbau manche Bekämpfungsmaßnahmen schon zu routinemäßigen Kulturmaßnahmen geworden sind, die, wie die Kohlfliegenbekämpfung und Saatgutinkrustierung im Gemüsebau, die Desinfektion der Kulturerden im Gemüse- und Zierpflanzenbau, die Austriebsspritzungen im Obstbau, alljährlich ohne Rücksicht auf den zu erwartenden oder stattgefundenen Befall praktiziert werden.

Die Anwendung chemischer Pflanzenschutzmittel soll als gezielte Schädlingsbekämpfung, also nach Wahl des spezifisch wirksamen Präparates, nach dem Behandlungstermin, dem Anwendungsverfahren und der technischen Durchführung auf den Krankheitserreger oder Schädling ausgerichtet sein, dem die Maßnahme gilt. Routinemäßige und schematische Arbeiten sind bei Bestandsbehandlungen in der Vegetationszeit von Übel und daher als nur wenig wirksam und auch als unwirtschaftlich abzulehnen. Zu häufige und unsachgemäße Insektizidanwendungen in dieser Zeit gefährden die Biozönosen im Kulturgelände, sie können sich verderblicher auf die Schädlingsfeinde unter den Insekten auswirken als gegen die Pflanzenschädlinge selbst.

Es kommt hinzu, daß bei solchen unsachgemäßen Insektizidanwendungen häufig Verwehungen in das Nachbargelände stattfinden, die dann die gesamte Fauna dieses Areals bedrohen. Wenn es sich um stabile (persistente) Insektizide handelt, deren Wirksamkeit also lange anhält, gehen ganze Biozönosen zugrunde. Oder wenn der Wirkstoff gar im Körper von Säugetieren oder Vögeln, die solche begifteten Insekten aufnehmen, gespeichert wird, wird nicht nur deren Leben und Nachkommenschaft, sondern auch das der ihnen nachstellenden Greifvögel geschädigt. Ähnlich verhält es sich mit

Insektizidanwendung zur Bekämpfung von Schädlingen im oder am Boden. Mit der Ausweitung des Einsatzes chemischer Schädlingsbekämpfungsmittel gewinnt die Frage des Umweltschutzes für Mensch und Tier gesteigerte Bedeutung.

Die gezielte Schädlingsbekämpfung ist eine Voraussetzung für eine **biologische Schädlingsbekämpfung**, die im Hinblick auf gefährliche Nebenwirkungen der modernen Pflanzenschutzmittel, besonders deren toxischer Stabilität am und im Erntegut, die natürlichen Feinde (Entomophage) der Schädlinge sowie die insektenpathogenen Mikroorganismen und Viren in den praktischen Pflanzenschutz eingeschaltet sehen will. Zum Schutz der „Nützlinge“ im Kulturgelände kommt es nicht nur auf die zeitliche Anwendung der Pflanzenschutzmittel an, vielmehr sollen die Insektizide auch tunlichst selektiv wirken, unnötige Kombinationen aus Wirkstoffen unterschiedlicher Wirkungsmechanismen vermeiden und möglichst hohe Initialtoxizität, aber geringe Dauerwirkung haben. Zum Schutz der Nützlinge außerhalb des Kulturgeländes sind Verwehungen in solche Refugien der Nützlinge durch sachgemäße Durchführung von Bekämpfungsaktionen, besonders im Stäube- und Nebelverfahren und im Flugzeugeinsatz zu vermeiden.

Durch Kontaktinsektizide von langer Wirkungsdauer und großer Wirkungsbreite werden naturgemäß die sich in den Schädlingspopulationen aufhaltenden räuberisch lebenden Insekten (Prädatoren), wie die als Blattlaus- und Spinnmilbenfeinde wichtigen Marienkäfer (*Coccinellidae*), Schwebfliegenlarven (*Syrphidae*), Florfliegenlarven (*Chrysopidae*), Raubwanzen (*Nabidae, Anthocoridae*), Blasenfüßer (*Thripidae*), sowie Schlupfwespen und Schmarotzerfliegen während ihrer Eiablage erfaßt. Die in die Pflanzen eindringenden Phosphorinsektizide, besonders solche mit systemischer Wirksamkeit, sind in dieser Hinsicht trotz ihrer akuten Giftigkeit weniger gefährlich. Am harmlosesten erweisen sich natürlich reine Fraßgifte, die nur zusammen mit der Pflanzennahrung, also nicht von den Entomophagen aufnehmbar sind.

Die nützliche, auch wirtschaftlich bedeutungsvolle Rolle der Schlupfwespen als Parasiten von Schädlingen wird in Einzelfällen immer wieder deutlich, etwa als Schmarotzer (*Apanteles glomeratus* L.) in Raupen der Kohlweißlinge, als Blattlausparasiten (*Aphidius*). Im allgemeinen üben sie ihre Tätigkeit nicht so auffällig aus, sie wird meist kurz vor dem Zusammenbruch anhaltender Insektenkalamitäten wirksam. Auf bestimmte Schädlinge spezialisierte (monophage) Arten, wie die Blutlauszehrwespe (*Aphelinus mali* Hald.), vermögen, ins Befallsgebiet ausgesetzt, die Schädlingspopulationen alsbald zu dezimieren, sie gehen aber aus Nahrungsmangel ebenfalls stark zurück oder zugrunde, wenn der Massenwechsel des Schädlings witterungsbedingt ausbleibt. An mehrere Wirte angepaßte (polyphage) Schmarotzer sind zur Vermehrung in Insektenlaboratorien geeigneter, wenn sie sich mit Wirtsinsekten vermehren lassen, die in diesen leicht züchtbar sind. Hierbei bleiben jedoch die Fragen eines etwaigen obligaten Wirtswechsels der Schmarotzer, des Überparasitismus und andere im Verhalten des Schmarotzers zu klären, bevor dieser für die Schädlingsbekämpfung ausgesetzt werden kann. Erwähnt seien die geglückten Zuchten mit Erzwespen (*Trichogramma*), die als Eiparasiten polyphag in physiologischen Varianten und biologischen Rassen auftreten. Massenanzuchten von Erzwespen, für die sich die Raupen der Getreidemotte (*Sitotroga cereatella* Ol.) als Wirte geeignet erwiesen, und Massenaussetzungen der Parasiten sind in den USA und in der UdSSR seit Jahren erfolgreich durchgeführt, in der letztgenannten z. B. zur Bekämpfung der Saat- und Kohleulen.

Die Forschungen über biologische Schädlingsbekämpfung sind jetzt vornehmlich auf die Nutzbarmachung der insektenpathogenen Mikroorganismen als Erreger von Bakteriosen und Mykosen in den Insektenpopulationen oder der Insektenvirosen ausgerichtet. Diese Pathogene, die in zahlreichen Arten verbreitet vorkommen und meist auf bestimmte Insektenarten spezialisiert sind, machen die Insekten krank (Abb. 1). Sie sind wichtige, begrenzende Faktoren des Massenwechsels schädlicher Insekten, breiten sich unter zusagenden Witterungsbedingungen seuchenhaft aus und tragen entscheidend zum Abklingen und schließlich Erlöschen von In-

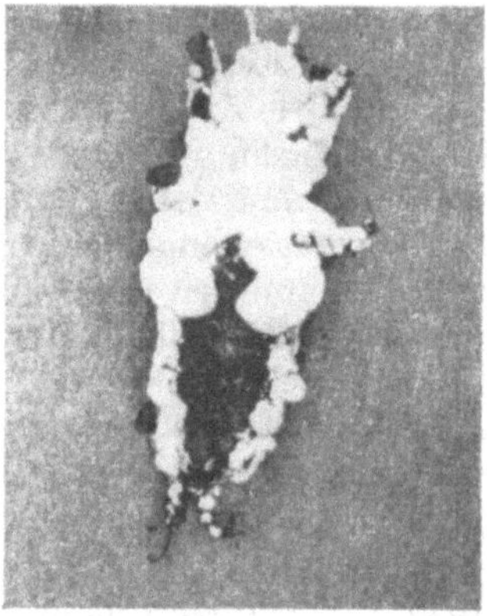

Abb. 1. Verpilzte Maulwurfsgrille

sektenkalamitäten bei. Die insektenpathogenen Pilze und Bakterien auf künstlichen Nährböden zu kultivieren und zu vermehren, die Insektenviren durch Einsammeln erkrankter oder abgestorbener Tiere in ausreicher Menge zu erhalten, das pathogene Material dann in Form von Suspensionen bei Bedarf auf die bedrohten Kulturen auszubringen und so in der Schädlingspopulation eine Seuche hervorzurufen, ist das Ziel. Die industriemäßige Produktion von bakteriellen (*Bacillus thuringiensis* Berliner) Sporenpräparaten erfolgt schon seit Jahren in verschiedenen Ländern. Importe aus der UdSSR (Entobakterin) werden auch bei uns eingesetzt.

Da die pathogenen Mikroorganismen und Viren durch Insektizide nicht geschädigt werden, besteht auch die

Möglichkeit, Kombinationen aus Aufschwemmungen mit Insektizidzusatz als Mikrobeninsektizide mit synergistischer Wirkungsweise zu verwenden.

Schließlich ist auf die Bedeutung des Vogelschutzes in der biologischen Schädlingsbekämpfung hinzuweisen. Seine Problematik beruht auf dem Wahlvermögen der insektenfressenden Vogelarten hinsichtlich Nahrung und Aufenthalt, der Konkurrenz der Brutpaare untereinander, dem unterschiedlichen durch Erfahrung der Vögel beeinflußbaren Verhalten in den verschiedenen Jahreszeiten und Biotopen, das sich für den Kulturpflanzenanbau teils nützlich teils schädlich auswirken kann. Das bedingt, daß der Vogelschutz nur in bestimmtem Gelände, etwa im immer geringer werdenden Streu- oder Straßenobstbau, wirtschaftlich erkennbare Ergebnisse bringen kann, daß aber seine Rolle als schädlingsbegrenzender Faktor im Pflanzenschutz des Obst-, Gemüse- und Zierpflanzenbaues durchaus beachtlich sein kann.

Es hat auch schon früher an, jedoch zu wenig beachteten, Hinweisen erfahrener Pflanzenärzte nicht gefehlt, daß im Pflanzenschutz außer der Anwendung chemischer Mittel auch Maßnahmen der Pflanzenhygiene, der richtigen Standorts- und Sortenwahl und der biologischen Bekämpfung zu berücksichtigen sind, wenn der Bekämpfungserfolg gesichert sein soll. Die unerfreulichen und oft gefährlichen Nebenwirkungen moderner chemischer Pflanzenschutzmittel zwingen jetzt dazu, es nicht bei solchen Hinweisen zu belassen, sondern einen „Integrierten Pflanzenschutz" zu fordern, dessen Beachtung durch entsprechende Maßnahmen regelmäßig kontrolliert wird.

Mechanische Bekämpfungsverfahren haben auch im gärtnerischen Pflanzenschutz nur noch in Ausnahmefällen einigen Wert und sind durch die modernen Pflanzenschutzmittel weitgehend abgelöst. Das trifft zum Beispiel für Leimringe und Fanggürtel im Obstbau, für das Herrichten von Schlupfwinkeln gegen nächtliche Schädlinge und das Aufstellen von Fallen, ausgenommen gegen Nagetiere, im Gemüse- und Zierpflanzenbau zu.

B. Pflanzenschutz im Obstbau

Im Obstbau werden Pflanzen in mehr- oder vieljähriger Nutzung kultiviert. In den Kulturen auftretende Krankheiten und Schädlinge wirken sich deshalb nicht nur im Befallsjahr verderblich aus, sie können auch in den Folgejahren das Gedeihen der Pflanzen so stark beeinflussen, daß die Pflanzen kränkeln und für dauernd in ihrer Leistung gehemmt bleiben. Das trifft besonders für die Obstbäume als ausdauernde Holzgewächse zu. Den Pflanzenschutzmaßnahmen kommt somit im Obstbau große Bedeutung zu. Es gilt, von Anfang an, also schon in der Baumschule, Krankheiten und Schädlinge fernzuhalten, die das vegetative Wachstum der Pflanzen ungünstig beeinflussen, und Schäden zu vermeiden, die sich noch Jahre hindurch auswirken und oft nie ganz verheilen. Später, am endgültigen Standort richten sich die Pflanzenschutzmaßnahmen hauptsächlich auf die Erzielung möglichst großer Mengen hochwertiger Früchte, indem durch eine Folge von Spritzungen mit spezifischer Ausrichtung nicht nur die Krankheitserreger und Schädlinge, die die Früchte direkt angreifen, sondern auch solche bekämpft werden, die indirekt durch Blattschäden, Zweigdürre, Wunden, Wurzelschäden die Ausbildung und das Wachstum des Fruchtbehanges stören.

Maßgeblich für die Qualität eines Obstbaumes und seine spätere Leistung sind die fehlerfreie Anzucht in der Baumschule, die sachgemäße Auswahl von Art und Sorte für den endgültigen Standort und die richtige Pflanzung. Ursachen für spätere Enttäuschungen, wie zu starkes oder zu kümmerliches vegetatives Wachstum, mangelnde Blühwilligkeit und Fruchtbarkeit, Anfälligkeit für Krankheitserreger, können Fehler in der Auswahl der Unterlagen und Stammbildner, Nichtbeachtung von Unverträglichkeiten der Edelsorten oder gar schlecht verwachsene Veredelungen sein. Der Obstbaum ist erst dann verkaufsfähig, wenn er eine Reihe an sich naturwidriger, jedoch für die Anzucht eines früh- und reichtragenden Obstbaumes unumgänglicher Eingriffe überstanden hat. Es kommt also in hohem Maße auf das Wissen und Können des Baumschulers an, aber auch auf die richtige Pflanzung und Pflege durch den Obstanbauer, sollen die gewünschte Wüchsigkeit, Ertragsfähigkeit und Lebensdauer der Obstpflanzung erreicht werden.

Die Pflanzenschutzmaßnahmen im Obstbau werden natürlich weitgehend durch die Anbauformen und Anbaumethoden bestimmt. In Haus- und Kleingärten sowie in Mischkulturen müssen die chemischen Pflanzenschutzmittel in der Regel in Einzelbaumbehandlung ausgebracht werden, wobei auf Unter- und Zwischenkulturen entsprechende Rücksicht zu nehmen ist. Im Straßenobstbau lassen sich die Bekämpfungsmaßnahmen mit Großgeräten mechanisieren, jedoch muß man die Abdrift der chemischen Mittel auf angrenzende landwirtschaftliche Kulturen beachten. Im Intensivobstbau wird das mechanisierte Ausbringen von Pflanzenschutzmitteln vervollkommnet in einer arbeitskraft- und arbeitszeitsparenden Automatisierung der modernen Verfahren des Spritzens, Sprühens und Nebelns und gegebenenfalls auch des Flugzeug-Sprühens mit seinen geringsten Aufwandmengen.

Je älter die Obstkulturen werden, um so mehr nimmt die Gefährdung durch Krankheitserreger und Schädlinge zu. In dem immer dichter werdenden Obstbaumbestand, in den geschlossenen Reihen der Erdbeerkulturen wird das Mikroklima für pilzliche Krankheitserreger günstiger. Die Schädlingsfauna nimmt an Artenzahl zu, sie wird ständig durch Arten angereichert, die im herangewachsenen und alternden Bestand erst die zusagenden Lebensbedingungen finden. Der Pflanzenschutz spielt daher im Obstbau nicht nur, wie überall bei den Kulturpflanzen, die sichernde Rolle der Kulturaufwendungen überhaupt, er muß auch durch dem Schädlingsvorkommen angepaßte Bekämpfungsmaßnahmen die Wirtschaftlichkeit der Obstkulturen möglichst lange zu erhalten trachten. Setzen die Pflanzenschutzmaßnahmen aus oder werden sie nur schematisch durchgeführt, ist der Leistungsabfall unaufhaltsam.

I. Frostschutz im Obstbau

In unserem Klimabereich werden die Standortwahl sowie Auswahl der Arten und Sorten maßgeblich durch die Frostgefährdung der Obstbäume bestimmt. Der Pflanzenschutz hat die zeitlich verschiedene Frosteinwirkung, die an den Stämmen, Ästen, Zweigen, Blättern und Blüten Teilschäden, aber auch, besonders nach Wurzelschäden, Totalverluste bringt, als unbelebte, nichtinfektiöse Krankheitsursache zu beachten, zumal solche Frosteinwirkungen, auch wenn sie von den Gehölzen allmählich wieder ausgeheilt werden, bestimmte Krankheitserreger, wie holzzerstörende Pilze, oder Schädlinge, wie im Splint, in Rinde und Holz bohrende Insekten, in ihrem Auftreten begünstigen.

Geringer wirken sich die Herbst- oder Frühfröste aus, sie beschleunigen den Blattfall und können am einjährigen Holz, wenn nach feuchtem Sommer und Herbst oder nach zu spät gegebener Stickstoffdüngung das vegetative Wachstum der Bäume zu spät abgeschlossen wurde, Frostschäden hervorrufen. Bedenklich ist in Lagen mit erfahrungsgemäß recht frühen Herbstfrösten die Sommerspritzung mit organischen Fungiziden, wie manchen Thiocarbamaten, weil man weiß, daß sie das vegetative Wachstum anregen. In Gebirgslagen kann unter Umständen vorzeitiger Winterbeginn den reifenden Fruchtbehang durch Frostgrade derart schädigen, daß sich das Fruchtfleisch bräunt und das Obst die Haltbarkeit im Lager verliert.

Die Frosthärte der Obstgehölze gegen Winterfröste, bei den einzelnen Obstarten verschieden, ist keine absolute Kältefestigkeit, sie ist beim Apfel und bei den Sauerkirschen allgemein größer als bei der Birne und beim übrigen Steinobst. Es gibt recht widerstandsfähige Sorten, wobei die Frostresistenz der Unterlagen mit eine entscheidende Rolle spielt. Daß sich die Obstgehölze je nach ihrer Herkunft aus kontinentalen und atlantischen Klimagebieten recht verschieden verhalten, ist verständlich, aber auch die einzelnen Obstarten und die Sorten reagieren unterschiedlich, je nachdem ihre Winterruhe, witterungsmäßig bedingt, früh eintritt, lange anhält oder unterbrochen wird. Bei Temperaturen unter —25 °C entstehen klaffende Frostrisse in den Stämmen, die sich allerdings später meist wieder schließen, aber oft nicht ganz verheilen. Solche tiefen Frostgrade sind natürlich bei fehlender Schneedecke für die Wurzeln überaus gefährlich. Gegen den Ausgang des Winters, wenn infolge kräftiger Sonneneinstrahlung die Temperaturunterschiede zwischen Tag und Nacht sehr groß werden, zeigt sich der Einfluß des Standorts auf die Frostgefährdung deutlich. Hanglagen, die im allgemeinen bei zusagenden Bodenverhältnissen für den Obstbau recht günstig sind, lassen auch geringe Frostschäden erwarten, doch können Südhänge eine zu frühe Vegetation auslösen.

Am meisten fürchtet der Obstbauer die Spät- oder Frühjahrsfröste, die bis in den Juni hinein auftreten können und der Blüte und damit dem Fruchtansatz verderblich werden. An den sich braun oder schwarz verfärbenden Stempeln der Blüten wird der Frostschaden zuerst offenbar, später am mangelnden oder fehlenden Fruchtbehang und an den Frostblasen der Blätter. Trifft der Frost die schon angesetzten jungen Früchte, entstehen beim Kernobst Frostgürtel in Form eines Korkbandes rings um die Frucht. Verderblich wirken sich die Strahlungsfröste windstiller und klarer Nächte aus, wenn Boden und Pflanzen einen starken Wärmeverlust erleiden und sich über dem Boden eine Kaltluftschicht bildet. Besonders gefährdet sind hier die Tallagen, in die die Kaltluft aus der Nachbarschaft einfließt und sich staut. In ihnen erleiden die niedrigen Baumformen und die Kulturen direkt am Boden, wie die Erdbeeranlagen, den stärksten Frostschaden. So kommt es also, daß oft die unteren Astpartien der Obstbäume am intensivsten geschädigt werden. Eine Bodenbedeckung aus lebender oder toter organischer Masse kann wie eine Isolierschicht den Wärmeaustausch hemmen und so frostverschärfend wirken. Aus diesem Grunde sollen in Frostlagen zur kritischen Zeit Gründüngungspflanzen bereits untergebracht und der Boden festgewalzt und möglichst trocken sein. Daß Obstanlagen, in denen in Frostnächten die Luftbewegung durch zu dichten Bestand an sich gehemmt ist, sehr starker Gefährdung unterliegen, leuchtet ein.

Totalschaden durch Frost tritt am ehesten bei jungen Obstbäumen empfindlicher Arten, wie Pfirsich, Aprikose, Süßkirsche und Walnuß ein. Bei älteren Bäumen ist dann der Austrieb allgemein schwach und zögernd, mit kleinen vergilbenden Blättern. An den unteren Zweigpartien unterbleibt er häufig ganz. Im Laufe des Frühjahrs und Sommers werden die Blätter oft braun und welken ab, Zweige werden dürr. Die Tragknospen frostgeschädigter Kirschbäume bleiben stecken, die Blätter entwickeln sich kümmerlich, bis in den Sommer hinein erscheinen einzelne Blüten. Auch Stachel- und Johannisbeersträucher treiben nach Frostschaden nur zögernd und schwach, während des Sommers stirbt viel altes Holz ab unter auffallender Bildung von Wurzelschößlingen. Bei den Brombeeren vernichtet strenger Frost in der Regel alle Ranken.

Auch auf an sich günstigem Standort können arktische Kaltlufteinbrüche die Obstgehölze und Erdbeerkulturen gefährden. Deshalb muß der Obstbauer bei entsprechender Wetterlage zu Frostschutzmaßnahmen in der Lage sein. Frostvorhersagen der meteorologischen Institute können nur allgemeine Frostwarnungen für größere Gebiete sein. Für die Anbaulagen selbst ist die Temperatur der bodennahen Luftschicht entscheidend. Darüber aber können nur eigene Beobachtungen an Thermometern und Hygrometern während der kritischen Nachmittagsstunden bei heiterem Himmel und trockener Luft Auskunft geben. Die Wärmeabstrahlung aus dem Boden in den kalten klaren Nächten sucht man meist durch Räuchern zu verhindern, indem man möglichst dicken Rauch durch Verschwelen von feuchtem Laub, Reisig, Sägemehl, Stroh oder Abfallholz entwickelt oder besondere Räucherpatronen oder qualmbildende chemische Mittel, wie Schwefeltrioxyd und Teerprodukte, verwendet. Voraussetzung für den Erfolg sind eine ruhige Luft und das Fehlen von Kaltlufteinbrüchen. Mehr und mehr bürgert sich auch im Obstbau, nicht nur im Erdbeeranbau, die Langsamberegnung ein, beginnend bei einer Temperatur von −0,5 °C, durchgeführt während der ganzen Dauer der Frosteinwirkung und erst beendet, wenn alle durch das Beregnen auf den Pflanzen entstandenen Eisschichten wieder abgetaut sind. Die beim Beregnen entstehende Erstarrungswärme reicht aus, um die Pflanze nicht kälter als −1 °C werden zu lassen. Die Fortsetzung der Beregnung nach Abklingen des Frostes verhindert beim Ansteigen der Temperatur die Entnahme der Tauwärme aus der Pflanze und damit deren Unterkühlung.

Bei der Frostempfindlichkeit unserer wertvollen Obstsorten kommt der Züchtung frostresistenter Sorten große Bedeutung zu, wobei die Schaffung frostharter Unterlagen vordringlich ist. Diese sollen auch plötzlich und schnell absinkende Temperaturen aushalten. Daneben kann die Züchtung spätblühender Sorten für spätfrostgefährdete Lagen zu einem wirksamen Blütenschutz werden.

II. Viruskrankheiten im Obstbau

Obstvirosen erregende Viren sind, soweit bisher bekannt, im Blattrohsaft wenig stabil. Das bedeutet, daß die Viren in der Regel mechanisch schwer übertragbar sind und daß auch die Gefahr einer Übertragung von kranken auf gesunde Obstgehölze durch den Baumschnitt kaum besteht. Das erklärt ferner, daß diese Viren mit dem

Elektronenmikroskop schwierig erfaßbar, also in ihrer Gestaltung weitgehend unbekannt geblieben sind, und weshalb auch ihre Klassifizierung bisher nicht möglich gewesen ist. Wir wissen, daß die Übertragung der Obstviren am ehesten auf die im Obstbau üblichen vegetativen Vermehrungen und Veredlungen zurückgeht. Edelreiser, Edelaugen, Wurzelschößlinge, Steckholz, Ausläuferpflanzen von kranken Obstpflanzen enthalten das Virus. Unterlagen und Edelsorten stecken sich gegenseitig an, wobei die Viren in den Unterlagen nicht selten latent vorhanden sind. Nachgewiesenermaßen können Sämlingsunterlagen aus Vogelkirsche und Steinweichsel viruskrank sein, so daß also hier eine Samenübertragbarkeit besteht. Offenbar erfolgt eine Ansteckung auch über den Boden, wenigstens gilt das für das Steinobst, so wird z. B. die Blattrollkrankheit der Süßkirsche durch Nematoden übertragen. Saugende Insekten haben als Vektoren im Beerenobstbau große Bedeutung, von den Obstbaumviren ist die Pocken- oder Scharkakrankheit der Pflaume (S. 52) blattlausübertragbar.

Die Krankheitssymptome der Obstvirosen sind mannigfaltig. Auf den Blättern treten Mosaikzeichnungen als Scheckung, Ring-, Band- oder Linienbildungen oder Nekrosefleckungen auf. Es entstehen ferner Veränderungen und Mißbildungen der Blätter, auffällig sind bei bestimmten Steinobstvirosen Blattauswüchse (Enationen). Eine Viruskrankheit kann sich in einem Besenwuchs oder einer Triebsucht darstellen, sie kann die Äste verunstalten oder zu krankhafter Gummibildung Anlaß geben. Durch eine Virose werden nicht nur die Fruchtentwicklung und das Ausreifen der Früchte indirekt durch Beeinflussung des Zucker- und Säuregehaltes beeinflußt, die Früchte können auch direkt verunstaltet werden. Es zeigt sich also eine Vielfalt von Virussymptomen im Obstbau, die mit manchen genetischen Veränderungen oder mit Symptomen gewisser Mangelkrankheiten, etwa bei Zinkmangel oder Bormangel, Ähnlichkeit haben. Auch Saugschäden an den Blättern, etwa durch endo- oder ektoparasitische

Gallmilben, Erkrankungen durch Fleckenpilze oder Nachwirkungen von Spätfrost in der Art der Frostblasen oder auch Blattverunstaltungen nach unsachgemäßer Anwendung von Wuchsstoffherbiziden können ähnliche Symptome hervorrufen. Die richtige Diagnose viruskranker Obstgewächse ist daher nicht einfach, zumal die Zahl „virusverdächtiger Erscheinungen" im Obstbau nicht klein ist, die Inkubationszeit der Obstvirosen sehr lang sein kann und die Virusstämme zu gewisser Zeit maskiert oder bei manchen Unterlagen und Edelsorten sogar latent bleiben.

Die Verhütung der Ausbreitung der Obstvirosen ist naturgemäß eine besondere Aufgabe der Pflanzenhygiene. Durch eine gute Kontrolle der Baumschulware und der Mutterpflanzen in den Baumschulen sowie durch entsprechende Bestimmungen für die innere und äußere Quarantäne muß die Virusverseuchung unseres Obstbaues verhindert werden. Da jedoch die Obstarten und ihre Sorten auch latent virös sein können, sind Testungen mit besonders empfindlich reagierenden Indikator-Obstgewächsen durch Reiser- und Pfropfaugenübertragungen oder Transplantationen durch Rindenpfropfung erforderlich, ehe ein Bestand einer Baumschule als gesund erklärt werden kann. Aber auch dann bleiben alljährliche stichprobenartige Kontrollen auf etwaigen vorübergehend latent gewesenen Befall notwendig.

Von den bisher bekannt gewordenen Obstbaumvirosen haben für unseren Anbau die folgenden Bedeutung:

Unter den Virosen mit Blatterkrankung als Hauptsymptom bewirkt das Apfelmosaik (Abb. 2) gelbe Scheckungen der Blätter, die sortentypisch oder je nach der Virulenz der Virusstämme als Flecken, Linien, Ringe, Bänder oder als ein Netz unregelmäßig über die Blattfläche verteilt sind. Die Virose tritt oft sporadisch, jahrweise unterschiedlich verbreitet auf und kann bei schwerer Infektion zu Ertragsausfällen führen. Das Virus ist offensichtlich mit dem des Bandmosaiks der Pflaume

Abb. 2. Apfelmosaik

Abb. 3. Bandmosaik der Pflaume

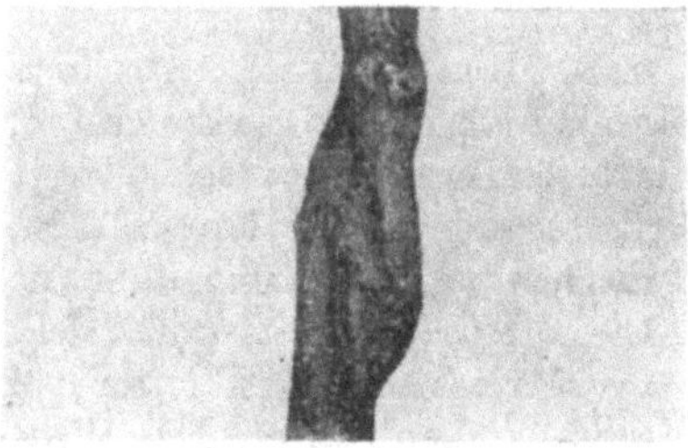

Abb. 4. Flachästigkeit des Apfels

(Abb. 3) identisch, das ebenfalls veränderliche Muster von gelber Farbe auf den Blättern erzeugt und auch Pfirsich, Aprikose und Schlehe befällt. Charakteristisch für die Virose am Steinobst ist ihr ausschließliches Auftreten an den im Frühjahr entwickelten Blättern, während es im Sommerwuchs maskiert bleibt. — Auch bei der Birne kommt ein Mosaik als Ringfleckenkrankheit vor. — Eine weitere Ringfleckenkrankheit ist von der Süßkirsche mit hellgrünen veränderlichen Ringen, Linien und Bändern auf den Blättern bekannt. Bei der Nekrotischen Ringfleckenkrankheit der Süßkirsche entstehen nekrotische, ausfallende Blattflecke nach Art des Schrotschußeffektes (S. 65). Zu erwähnen ist ferner die Sternfleckenkrankheit der Aprikose, für die gelbliche bis hellgrüne sternförmige, unregelmäßig verteilte Fleckchen auf der Blattspreite, besonders gegen den Herbst hin, typisch sind und die vornehmlich in Österreich, Ungarn und Bulgarien auftritt, aber auch in der DDR nachgewiesen ist. Die Krankheit befällt besonders die Wildlinge und Edelsorten in den Baumschulen.

Zu den Obstvirosen mit Ast- und Zweigerkrankung als Hauptsymptom gehört die Flachästigkeit oder Rillenkrankheit des Apfels (Abb. 4), bei der, am deutlichsten vom dreijährigen Holz ab, flache Rillen, Eindellungen oder Mulden der Äste und schließlich Verdrehungen und Mißbildungen entstehen, so daß die Äste wie gerippt aussehen. Das Holz wird brüchig. Die Sorten „Gravensteiner“ und „Signe Tillish“ gelten als am anfälligsten, doch werden auch andere Apfelsorten befallen. — Bei der Gummiholzkrankheit des Apfels wird dagegen das Holz außergewöhnlich weich und biegsam, da die Holzfasern nicht genügend Lignin besitzen. An der virösen Triebsucht oder am virösen Besenwuchs erkrankte Apfelbäume zeigen einen besenartigen Wuchs der Triebe ähnlich dem der pilzparasitären Hexenbesen, vornehmlich an jungen Bäumen in Baumschulen.

Der viröse Birnenverfall (als wahrscheinliche Mykoplasmose) kann akut verlaufen, indem nach schnellem Abwelken der Blätter die Äste vertrocknen und absterben, oder die Krankheit tritt chronisch auf, wobei der Baum nur kleine, chlorotische Blätter und schwache Triebe entwickelt, das Laub später welkt,sich rot verfärbt und der Baum über Winter abstirbt. Als Vektor ist ein Birnenblattfloh (*Psylla piricola* Foerst.) erkannt.

Virosen mit Fruchterkrankungen als Hauptsymptom kommen beim Kern- und Steinobst vor. Beim Apfel hat die Rauhschaligkeit mit rauhen und verkorkten Stellen der Schale, die oft rissig wird und aufreißt (Sternrissigkeit), gewisse Bedeutung. Bei der Birne ist die Steinfrüchtigkeit als Virose erkannt, bei der die Früchte verbeulen, dunkle Vertiefungen bekommen und durch Nester von Steinzellen im Fruchtholz hart und ungenießbar werden. Als besonders empfänglich gilt „Bosc's Flaschenbirne". — Steigende Bedeutung gewinnt die Pockenkrankheit oder Scharka-Krankheit der Pflaumen und Zwetschen (Abb. 5). Bei dieser Krankheit werden die Früchte runzlig und fest, sind mit Gummi angefüllt, werden so ungenießbar und fallen vor der Reife ab. Auf den Blättern der kranken Bäume entstehen mosaikartige Band- und Ringmuster. Die besonders auf dem Balkan verbreitete Krankheit, die dort neben der Hauszwetsche auch Aprikosen befällt und durch die Große Pflaumenblattlaus (*Brachycaudus helichrysi* Kalt.) und die Hopfenblattlaus (*Phorodon humuli* Schrk.) übertragen wird, kommt auch in der DDR vor.

Im Kirschenanbau spielen zwei Virosen mit Allgemeinerkrankungen als Befallssymptom eine Rolle. Bei den Süßkirschen ist es die Pfeffinger Krankheit, bei der Sauerkirsche die Stecklenberger Krankheit, beide als Rauhblättrigkeit mit abnormen Blattauswüchsen (Enationen) an der Unterseite einzelner Blätter symptomatisch. Beide Virosen bedingen eine Hemmung des Triebwachstums und Rosettenbildungen der Blätter, Mosaikfleckungen an ihnen, bei den Sauerkirschen auch nekrotische Flecke mit Schrotschußeffekt, eine Hemmung der Knospen- und Blütenentwicklung, bei den Süßkirschen bis zum „Verkahlen", und Gummifluß, schließlich Absinken der Ertragsleistungen und Kümmern bis zum Absterben des kranken Baumes. Beide Krankheiten werden durch unterschiedliche Viren verursacht.

Im Beerenobstbau spielen saugende Schädlinge als Vektoren eine sehr beachtliche Rolle. Bei der Stachelbeere ist das Adernbandmosaik mit unregelmäßigen Aufhellungen der Blätter längs den Blattadern als Virose

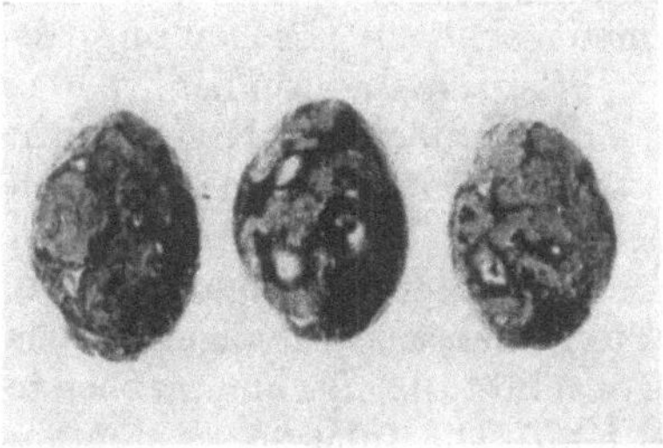

Abb. 5. Scharka-Krankheit der Hauszwetsche (nach Kegler)

nachgewiesen. Vektoren sind einige Blattlausarten (*Nasonovia ribis nigri* Mosley, *Aphidula schneideri* Börn., *A. grossulariae* Kalt.). Bei der Schwarzen Johannisbeere gilt die „Viröse Blattverbildung" als eine Viruskrankheit, bei der die Blätter schmal, grob gezackt und dunkler mit reduzierten Adern werden. — Im Himbeeranbau hat hauptsächlich das durch Blattläuse (*Amphorophora rubi* Kalt., *Aphidula idaei* v. d. G.) übertragbare Himbeermosaik Bedeutung, das in verschiedenen Symptomen als Adernchlorose, Adernbandchlorose und Fleckenmosaik auf den Blättern auftritt. Die Himbeersorten sind verschieden anfällig, unter ihnen sind blattlauswiderstandsfähige für die Züchtung wichtig. In manchen Sorten ist ein Virus latent vorhanden. Allgemein scheinen Gemische vorzukommen. Andere Viren, die durch Nematoden (*Longidorus*) übertragen werden können, rufen die Ringfleckenkrankheit hervor, bei der außer chlorotischen Flecken und Ringen auch Vergilbungen und Zwergwuchs entstehen. Die Viren spielen im Erdbeeranbau als Erreger von Erdbeermosaik ebenfalls eine Rolle. Die Virenverbreitung beruht vornehmlich auf der vegetativen Vermehrung der Himbeeren. — Auch im Erdbeeranbau werden die Virosen leicht vegetativ durch die Ausläuferpflanzen verbreitet. Die Gefahr ist um so größer, als viruskranke Pflanzen oft nur ganz schwache oder auch gar keine Symptomausbildung erkennen lassen. Der immer stärker in Erscheinung tretende Leistungsabfall der Pflanzen und schließlich das Eingehen von Pflanzen sind verdächtige Kennzeichen für die Erkrankung. Das schließt nicht aus, daß es auch typische Symptome einer Virose bei Erdbeerpflanzen gibt, doch werden solche, wie Blattvergilbung, Blattkräuselung oder Blattrollung, hexenbesenartiger Wuchs bisher nur im Ausland beobachtet, da der entsprechende Vektor offenbar bei uns fehlt. Die (nicht persistenten) Viren, die Kulturerdbeeren nur mit undeutlichen Symptomen krank machen oder latent in den Pflanzen vorhanden sind, treten in verschieden aggressiven Stämmen auf. Es kommt auch zu Mischinfektionen in den Erdbeerpflanzen. Neben den spezifischen Erdbeerviren sind auch solche des Himbeermosaiks, der Asternvergilbung (wahrscheinlich Mykoplasmen), der Tabaknekrose und andere bei Erdbeeren nachgewiesen. Die Walderdbeere (*Fragaria vesca* L.) reagiert deutlich auf Virusinfektionen, sie dient daher als Testpflanze, wobei die Übertragung auf sie durch Ausläuferpfropfung in den Verfahren der Anplattung, Zungenpfropfung oder Blattstielpfropfung oder durch Blattläuse (*Pentatrichopus fragaefolii* Cock., *Arcythosiphon pelargonii* subsp. *rogersii* Theob., *Aphis forbesi* Weed, *Myzus ascalonicus* Donc. u. a.), die auch sonst auf Erdbeeren vorkommen, vorgenommen wird. Es hat sich gezeigt, daß besonders die Bestände aus alten Erdbeersorten viruskrank bzw. mykoplasmakrank sind. Die Verhütung der Virusausbreitung mit Ausläuferpflanzen durch Testung der Mutterpflanzen ist eine wichtige pflanzenhygienische Maßnahme.

Die Ausbreitung der Obstvirosen geschieht vornehmlich durch die vegetative Vermehrung, wenn Reiser, Unterlagen, Wurzelabrisse, Stecklinge, Ausläuferpflanzen von viruskranken Mutterpflanzen genommen werden. Die Kontrolle der zur Vermehrung bestimmten Bestände und der Obstbaummutterpflanzen auf Viruserkrankungen ist daher die Voraussetzung für die Bekämpfung der Obstvirosen; sie ist jedoch nicht selten dadurch erschwert, daß die Infektion symptomlos sein kann. Zur Testung durch Rindenpfropfung und Okulation sind bestimmte Gehölzindikatorpflanzen geeignet, die auf Virusinfektionen schnell und sicher reagieren. Ein festes Testsystem bei der Gehölzanzucht bildet die Grundlage für die Kontrollmaßnahmen. Bestimmte Obstviren lassen sich aber auch durch Abreibung infektiöser Preßsäfte auf krautige Pflanzen testen.

III. Bakterielle und pilzliche Krankheiten im Obstbau

Weitverbreitet im Obstbau und besonders in den Baumschulen ist eine **Bakteriose**, die in warzigen und glatten Gewebewucherungen (Tumoren) an den Wurzeln und am Stammgrund der Obstbäume in Erscheinung tritt. Die mittels Geißeln beweglichen stäbchenförmigen Bakterien (*Agrobacterium tumefaciens* (Sm. et Towns.) Conn.) dringen vom Boden her, in dem sie mindestens zwei Jahre überdauern können, durch Wunden oder im nassen Boden durch Lentizellenwucherungen der Wurzeln ein, regen die infizierten Stellen zu Teilungen und Wachstumssteigerungen an und erzeugen so den Wurzelkropf oder Bakterienkrebs. Die Krankheit kommt hauptsächlich an Apfel, Birne, Quitte, an Himbeeren und Brombeeren vor, befällt aber auch Steinobst. Der Befall einer Obstanlage rührt meist von infizierter Baumschulware her. Ertragsrückgänge und Wachstumsschäden sind besonders auf ärmeren Böden die Folge. Schweren Schaden können die Bakterien in Sämlingsquartieren anrichten. Hier sorgt der Baumschuler durch Antrocknenlassen der Wurzelschnittfläche beim Verpflanzen oder besser noch durch Eintauchen der Wurzeln in einen Lehmbrei mit Zusatz eines quecksilberhaltigen Naßbeizmittels für einen Wurzelschutz. Werden verseuchte Baumschulquartiere geräumt oder neue mit Obstbäumen bepflanzt, dürfen landwirtschaftliche Vor- oder Nachkulturen nicht aus Zuckerrüben bestehen, da diese ebenfalls an der Bakteriose erkranken. Ein plötzliches Absterben der Zweige und Äste von Birnbäumen, an denen dann die schwarz gewordenen Blätter und die mumifizierten Früchte über Winter hängen bleiben, bewirkt der bakterielle (*Erwinia amylovora* [Barrill] Winslow) **Feuerbrand**, der zuerst in Nordamerika verbreitet auftrat, jetzt aber auch in Europa an Obstgehölzen festgestellt ist. An befallenen Verletzungsstellen der Rinde, auch an infizierten Knospen, erscheinen weißliche, später bräunliche Schleimtropfen mit Bakterienmassen, die von Insekten beim Blütenbesuch übertragen werden. Da Kupferspritzungen nicht befriedigen, müssen erkrankte Bäume beseitigt werden.

Ein Blattflecke erregendes Bakterium (*Pseudomonas juglandis* Pierce), das ebenfalls stäbchenförmig und mittels Geißel beweglich ist, ruft den Bakterienbrand der Walnuß hervor. Dieser äußert sich in einem vorzeitigen Abfallen oder in einem Schwarzwerden der grünen Nüsse. Die Bakterien überwintern in den Knospen und befallen auch die Kätzchen und die Blätter, die ebenfalls schwarzfleckig werden. Die Bakteriose stammt anscheinend aus Nordamerika, wo man sie durch Kupferspritzungen bekämpft.

Unter den **Mykosen** der Obstbäume stehen die **Schorfkrankheiten** an erster Stelle. Ihre Erreger sind der Apfelschorfpilz (*Venturia inaequalis* [Cooke] Aderh.), der Birnenschorfpilz (*V. pirina* Aderh.) (Abb. 6) und auf Sauerkirschen und späten Pfirsichsorten der Kirschenschorfpilz (*V. cerasi* Aderh.). Die zu den Schlauchpilzen (*Asco-*

mycetes) gehörenden Schorfpilze lassen auf abgefallenen im Sommer infizierten Blättern tief im Blattgewebe lebende Perithezien (*Ascomata*) heranreifen, die im Frühjahr die Schlauchsporen entlassen. Diese infizieren die jungen Blätter der Obstbäume. Das Heranreifen und Ausschleudern der Schlauchsporen werden durch Temperatur und Feuchtigkeit bestimmt und geschehen je nach

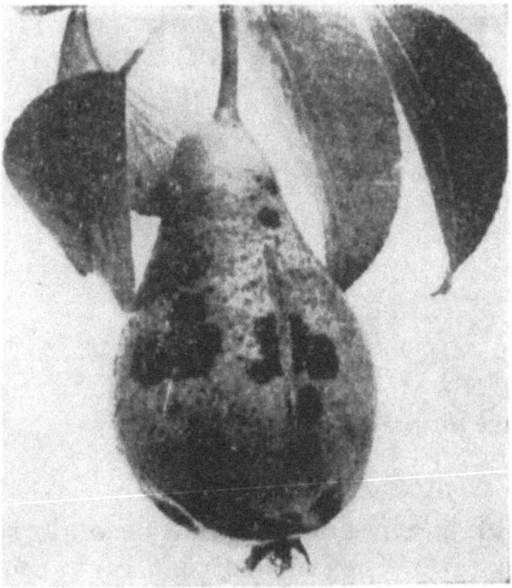

Abb. 6. Schorfpilzbefall an Birne

dem Witterungscharakter zeitig vor der Blüte, während der Blüte oder erst später danach. Feuchtwarmes Wetter fördert, kühle Temperaturen und Trockenheit hemmen die Perithezienreife, das Freiwerden der Schlauchsporen, ihre Ausbreitung und ihr Auskeimen auf den jungen Blättern. Auf denen des Kernobstes entwickeln sich schwarzgrüne samtartige Pilzrasen mit keuligen Konidien als Nebenfruchtform (*Fusicladium*). Während die Perithezien saprophytisch auf dem sich zersetzenden Fallaub heranwachsen, stellen die Pilzrasen die parasitische Lebensform der Pilze dar, nach der die Schorfkrankheiten die übliche Bezeichnung *Fusicladium*-Schorf erhalten haben. Die Pilzrasen wachsen hauptsächlich blattoberseits beim Apfelschorf (*Fusicladium dendriticum* [Wallr.] Fuck.), blattunterseits beim Birnenschorf (*F. pirinum* [Lib.] Fuck.), während beim Steinobst (*F. cerasi* [Rabenh.] Sacc.) Blattinfektionen seltener stattfinden, sondern fast nur die Früchte befallen werden. Beim Kernobst erfolgt die Fruchtinfektion erst sekundär nach dem Blattbefall. Unter den grünlich-schwarzen Pilzrasen, die flek-

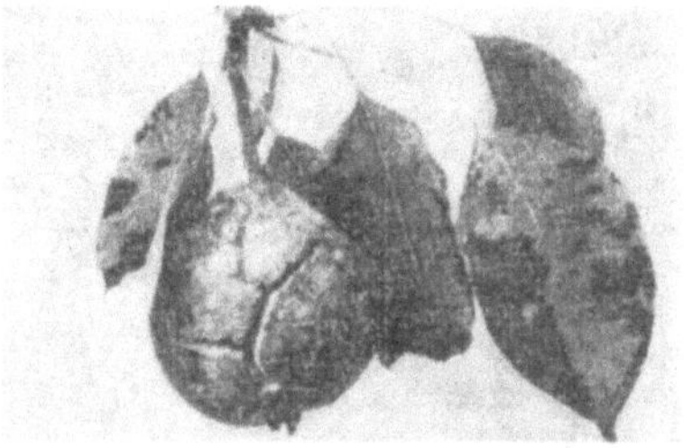

Abb. 7. Nach Schorfpilzbefall aufgerissene Birne

kig oder streifig angeordnet sein können und besonders längs den Blattadern auftreten, reißt die Epidermis auf, so daß die Blätter welk und trocken werden und abfallen. Die Früchte werden fleckig und schorfig, indem in der Mitte der Befallsstelle das Pflanzengewebe abstirbt und der Pilz nur am Rande weiterwächst, sie verkrüppeln, reißen auf und fallen schließlich ab (Abb. 7). Birnen anfälliger Sorten werden steinig, hart und ungenießbar (Abb. 6). Beim Kern- wie beim Steinobst werden die Infektionsstellen der Schorfpilze zu Eingangsstellen der Erreger der Monilia-Fruchtfäulen (S. 61). Der Kirschenschorfpilz läßt bei den Sauerkirschen, besonders der Schattenmorelle, das Fruchtfleisch rings um den Stein häufig ganz zusammenschrumpfen, so daß Fruchtmumien entstehen. Beim Pfirsich ist meist nur eine Seite der Frucht befallen, die dann im Wachstum zurückbleibt und auch aufreißen kann. Der Birnenschorfpilz befällt bei anfälligen Sorten in feuchten Sommern auch die jungen unverholzten Triebe und breitet sich in der Rinde aus, beim Apfelschorfpilz kommt ein Triebbefall seltener vor. Solche Triebe sehen dann grindig oder schorfig aus, was nach dem Laubfall deutlicher wird. An diesen Trieben vermag der Pilz in der *Fusicladium*-Nebenfruchtform zu überwintern und hier im Frühjahr schon vor der Reife der Perithezien in den abgefallenen Blättern Konidien zu entwickeln, die am zeitigsten Blattinfektionen hervorrufen können. Eine Spätentwicklung von Konidien beobachtet man nicht selten im Herbst auf den reifenden oder ausgereiften Äpfeln. Dann breitet sich der Apfelschorfpilz auf den eingelagerten Früchten aus und ruft den gefürchteten Lagerschorf hervor, der auch Eingangspforten für pilzliche Lagerfäulen öffnet.

Nach kräftigen Frühjahrsregenfällen ist mit der ersten Schorfinfektion durch die Schlauchsporen zu rechnen. Diese werden in Mengen durch die Luftströmungen verbreitet. Regenwetter läßt später auch die Konidien sich massenhaft entwickeln und über den ganzen Baum ausbreiten, so daß oft schlagartig die Blätter erkranken. Obstanlagen in regenreichen Gebieten oder in luftfeuchtem Klima sind einem Schorfbefall am ehesten ausgesetzt. Sonst entscheidet das Klima des Standortes über das Ausmaß des Befalles, wobei zu enger Standort, mangelndes Auslichten der Kronen, dichter Zwischen- oder Unterwuchs, häufige Nebelbildung und sonstige die Luftfeuchtigkeit erhöhende und haltende Faktoren eine Rolle spielen. Die Obstsorten zeigen unterschiedliche Anfälligkeit für die jeweilige Schorfpilzart. Die Anfälligkeit ist auch standortbedingt verschieden. Das hängt vor allem damit zusammen, daß die Schorfpilzarten aus zahlreichen ungleich verbreiteten und verschieden aggressiven Biotypen bestehen und daß offensichtlich auch durch Kombination der Eigenschaften von Biotypen bei der Bildung der Perithezien neue Biotypen entstehen können. Bei im Anbaugebiet bisher nicht erprobten Obstsorten ist daher Vorsicht geboten. Manche Apfelsorten, wie „Baumanns

Renette“ oder „Gravensteiner“, oder Birnensorten, wie „Gute Luise“ oder „Boscs Flaschenbirne“, oder die Schattenmorelle gelten aber allgemein als schorfanfällig.

Die im Obstbau, besonders in Apfelanlagen, entwickelte Spritzfolge mit Fungiziden ist in erster Linie auf die Bekämpfung der Schorfpilze ausgerichtet. Dabei verdienen die Behandlungstermine für die nur prophylaktisch oder doch nur ganz kurze Zeit oder bedingt kurativ wirksamen fungiziden Wirkstoffe besondere Beachtung, wobei erschwerend für die Anwendung noch die Tatsache hinzukommt, daß unter den für das Pilzauftreten günstigen Witterungsbedingungen die Gefahr phytotoxischer Einwirkungen der Fungizide auf Blätter und Früchte recht groß ist. Vom Schorfwarndienst hängt es weitgehend ab, ob sich ein Schutz der Obstbäume vor Schorfpilzbefall erreichen läßt.

Allgemein verbreitet beim Kernobst wie beim Steinobst ist eine zweite Mykose, die als **Monilia-Krankheit** in den beiden Erscheinungsformen der Fruchtfäule (Abb. 8) und der Zweigdürre auftritt und deren Erreger ebenfalls zu den Schlauchpilzen gehören. Auch hier dienen die Hauptfruchtformen (Apothezien) der Überdauerung der Arten, beim Kernobst (*Monilinia fructigena* Honey.), bei der Quitte (*M. cydoniae* Schell.), beim Steinobst (*M. laxa* [Aderh. et Ruhl.] Honey = *S. cinerea* Schroet.), beim Haselstrauch (*M. coryli* Schellenbg.), während die Konidien der Nebenfruchtformen (*Monilia*) und das aus ihnen entstehende Pilzmyzel die Erkrankungen hervorrufen. Beachtlich ist die Tatsache, daß Apothezien — in den *Monilia*-Fruchtmumien aus Sklerotien zur Entwicklung kommend — nur selten entstehen und die Pilze als Sklerotien, Myzel oder als Konidien überwintern. Die Krankheitserscheinung der *Monilia*-Fruchtfäule ist beim Kernobst ebenso wie beim Steinobst, die der Zweig- oder Triebspitzendürre mehr beim Steinobst verbreitet. Charakteristisch für einen *Monilia*-Befall sind die dichten grauen oder gelblichen Pilzpolster („Polsterschimmel“), in denen bei feuchtem Wetter die Konidien entstehen.

Eine *Monilia*-Spitzendürre durch den Steinobst-*Monilia*-Pilz entsteht vor allem bei Sauerkirschen und Aprikosen. Sie zeigt sich schon während der Blüte, da die Infektion durch die kältefesten und überwinterten Konidien dieses Pilzes über die Blütennarben durch Stempel und Blütenstiele erfolgt. Vertrocknete und fahnenförmig herabhängende braune Blüten und Blätter der Triebspitzen sind die charakteristischen Symptome, wobei oft ein Gummitropfen die Grenze zwischen gesundem und abgestorbenem Teil des Triebes markiert. Nur selten kommt es durch den Pilz auch beim Apfelbaum zu einer Frühjahrsspitzendürre. Bei ihm kann gelegentlich, wenn sich die Blüte verzögert hat, auch der Kernobst-*Monilia*-Pilz eine Blüteninfektion zustande bringen, wonach die Blütenbüschel und die Blätter braun werden und absterben. Eine frühe Spitzendürre ruft ferner der Quitten-*Monilia*-Pilz hervor. Dieser Befall nimmt entweder von zugewehten Schlauchsporen aus vorjährigen, am Boden liegenden Fruchtmumien über eine Blüteninfektion oder vom überwinterten Myzel an spitzendürren Zweigen seinen Ausgang. Es hat sich erwiesen, daß im sachgemäßen Baumschnitt die beste Möglichkeit gegeben ist, die *Monilia*-Spitzendürre zu vermeiden. Besonders bei der sehr anfälligen Schattenmorelle dienen der Sommer- oder Winterschnitt, der die Bäume zu kräftiger Triebentwicklung anregt und das Entstehen peitschenförmiger, am Grunde verkahlter Zweige ausschließt, zur Erhöhung der Leistungsfähigkeit der Bäume. Es ist gleichzeitig auch eine wichtige Maßnahme gegen den pilzlichen Erreger.

Die *Monilia*-Fruchtfäule wird vornehmlich durch den Kernobst-*Monilia*-Pilz hervorgerufen, der in der Vegetationszeit vermehrungstüchtig ist, doch vermag auch der Steinobst-*Monilia*-Pilz Fruchtfäulen hervorzurufen. Für den erstgenannten Pilz sind die kreisförmig und konzentrisch um die Infektionsstelle gelagerten gelblichen Pilzpolster bei Apfel und Birne charakteristisch (Abb. 8), während beim Steinobst, im allgemeinen befallen durch den Steinobst-*Monilia*-Pilz, die Pilzpolster unregelmäßig über die kranken Früchte verteilt auftreten. Das erste Anzeichen eines Befalls ist eine Braunfärbung, meist von einer Verletzungsstelle ausgehend, wie sie durch die „Obstmade", durch Wespenfraß, durch sonstige Beschädigung, nach Schorfpilzbefall entstehen kann. Die Fäulnis schreitet schnell fort. Die *Monilia*-Früchte fallen ab oder schrumpfen zu Mumien zusammen, die über Winter am Baum hängen bleiben und in denen der Pilz

Abb. 8. Monilia-Fruchtfäule des Apfels

überwintert und auch die Apothezien heranwachsen. Zuweilen durchwuchert das Myzel des Pilzes beim Apfel die ganze Frucht ohne zur Konidienbildung zu kommen. Die Äpfel werden dann schwarz, ihre Schale wird fest und lederartig. Diese Schwarzfäule kann schon am Baum auftreten, meist aber ist sie eine Lagerfäule. Von den *Monilia*-Pilzen sind Biotypen nachgewiesen. Ob diese verschieden aggressiv sind oder ob die unterschiedliche Empfindlichkeit der Kernobstsorten auf der unterschiedlichen Festigkeit der Fruchtschale beruht, ist nicht geklärt. Jedenfalls kommt zur Unterdrückung der Fruchtfäule sanitären Maßnahmen große Bedeutung zu.

Sehr beachtlich sind im Obstbau **Echte Mehltaupilze** (*Erysiphaceae*). Das weißliche Myzel, mit dem die Pilze Blätter, Triebe und auch die Früchte überziehen, ist ein typisches Kennzeichen des Befalles. Daneben zeigen sich auch andere Symptome. Für den Apfelmehltau (*Podosphaera leucotricha* [Ell. et Everh.] Salm.) ist charakteristisch, daß er stets ganze Blätter- und Blütenbüschel erkranken läßt. Laub- und Blütenblätter wachsen auffallend schmal heran, die Laubblätter stehen steil, rollen sich vom Rande her ein und vertrocknen, die Blütenblätter sehen grünlich aus. Auch die Blüten gehen alsbald zugrunde, ohne Frucht anzusetzen. Da der Pilz als Myzel in den Winterknospen überwintert, ist der Austrieb schon infiziert, während die älteren Blätter im Sommer trotz der massenhaften Ausbildung von Konidien in den Mehltaubelägen kaum noch angesteckt werden. Es besteht sehr unterschiedliche Anfälligkeit der Apfelsorten für einen Mehltaubefall. Die Sorten „Landsberger Renette", „Schöner von Boskoop", „Ontario", „Weißer Klarapfel" gelten als anfällig, doch hängt die Stärke des Schadens weitgehend vom Standort der Apfelbäume ab, indem in warmen Lagen und im trockenen Boden die Anfälligkeit besonders ausgeprägt erscheint. Dann greift der Mehltaubefall stark um sich und schädigt die Bäume erheblich. Es kommt auch zur Ausbildung von Schlauchfrüchten (Perithezien) auf den Trieben, ohne daß diese für die Überwinterung dieser Mehltaupilzart besondere Bedeutung zu haben scheinen. — Als Myzel in den Winterknospen überdauert auch der Pfirsichmehltau, so daß auch bei ihm schon der Austrieb krank wird. Der Mehltaubelag erscheint auf Blättern, Trieben und Früchten. Die Blätter bekommen oberseits helle Flecke, auf deren Unterseite den Pilzbelag, sie rollen sich nach oben ein, werden trocken und fallen ab. Auch die Triebspitzen trocknen ein, und die Früchte werden fleckig. Der Pilz wird zur gleichen Art wie der Rosenmehltau (*Sphaerotheca pannosa* [Wallr.] Lev.) gerechnet, doch unterscheidet sich die Spezialform auf dem Pfirsich (var. *persicae* Wor.) durch kleinere Konidien, Schläuche und Schlauchsporen von denen der Rose (var. *rosae* Gor.). Perithezien werden bei diesem Mehltaupilz nur spärlich ausgebildet. — Auch der Erdbeermehltau wird als identisch mit einem anderen Mehltaupilz, dem Hopfenmehltau (*Sphaerotheca humuli* [DC.] Burr.) angesehen. Auf den Erdbeerblättern, die sich dann rötlich verfärben und sich nach oben einrollen, entwickelt der Pilz an dem feinen mehligen Belag auf der Blattunterseite nur die Konidien der Nebenfruchtform (*Oidium fragariae* Harz.), aber keine Perithezien. Diese werden in Mengen auf dem Hopfen gebildet. Die Erdbeersorten sind verschieden anfällig, auch hier in Abhängigkeit von Witterungsbedingungen, besonders von der Temperatur, wobei ein starker Rückgang während der Nacht, was vor allem auch für Treiberdbeeren in Gewächshäusern zutrifft, die Ausbreitung und Entwicklung des Mehltaupilzes begünstigt. — Für die Überdauerung spielen die Perithezien dagegen beim Amerikanischen Stachelbeermehltau (*Sphaerotheca mors uvae* [Schwein.] Berk. et Curt) eine Rolle. Sie entstehen in dem Myzel an den Trieben, das anfänglich weiß ist und massenhaft Konidien bildet, später aber lederartig und braun wird. Befallene Beeren werden ungenießbar. Anfällig sind fast alle großfrüchtigen Stachelbeersorten, aber auch die Johannisbeeren. Die Resistenzzüchtung unter Verwendung nordamerikanischer resistenter Wildarten ist erfolgreich.

Die Bekämpfung der im Obstbau beachtlichen Mehltaupilze ist zwar mit Schwefelpräparaten oder bestimmten organischen, besonders systemisch wirkenden, Fungiziden, beim Stachelbeermehltau auch mit Kupfermitteln möglich, doch bleiben anhaltende Bekämpfungserfolge aus, wenn nicht die Standorts- und Ernährungsbedingungen für die Bäume und Sträucher optimal gestaltet werden und durch entsprechenden Rückschnitt der Beerensträucher vor dem Austrieb sowie bei Apfel und Pfirsich durch rechtzeitiges Entfernen des als befallen erkannten Austriebs die Konidienbildung der Pilze eingedämmt wird. Gegen den Apfelmehltau müssen im Mai und Juni durch zahlreiche, etwa alle 14 Tage zu wiederholende Spritzungen die Sekundärinfektionen verhindert werden, wenn nicht auf Beobachtungen eines Warndienstes beruhende verringerte, aber termingerechte Spritzungen durchführbar sind.

Unter Erkrankungen durch **Fleckenpilze** haben vornehmlich das Stein- und das Beerenobst zu leiden. Bei Kirsche, Pfirsich, Pflaume und Zwetsche ist es die Schrotschußkrankheit (*Clasterosporium carpophilum* Aderh.), die auf den Blättern zunächst sehr zahlreiche und sehr kleine rötliche Flecke hervorruft, die alsbald eintrocknen, später durch das Ausfallen der trockenen Flecke auf dem Blattgewebe die „Schrotschußlöcher" entstehen läßt. Der Schrotschußeffekt beruht auf einer Wundkorkbildung rings um die Infektionsstelle als Abwehrreaktion des Blattgewebes gegen den zwischen den Zellen wuchernden Pilz und gegen seine schädlichen Stoffwechselprodukte. Bei einem Massenauftreten des Pilzes kommt es aber trotzdem zu frühem Blattfall, zu Infektionen der Früchte, häufig zu Gummifluß an den Zweigen. Die Schrotschußkrankheit tritt alljährlich in Anbaugebieten mit feuchter Frühjahrswitterung (häufige Regenfälle oder Nebelbildungen) als gefährliche Pilzkrankheit des Steinobstes auf, sonst ist mit ihr vorzugsweise in feuchtem Frühjahr und Sommer zu rechnen. Spätwinterspritzungen zur Zeit des Knospenschwellens mit Kombinationen aus insektiziden Winterspritzmitteln und Fungizidpräparaten werden empfohlen. — Die in manchen Jahren auf den Blättern der Pflaume und Zwetsche auftretenden leuchtend roten und rundlichen, dicken Blattflecke der Rot- oder Fleischfleckenkrankheit (*Polystigma rubrum* [Pers.] DC.) stellen bei uns mehr Schönheitsfehler als gefährliche Erkrankungen dar, da der Pilz nicht auf die Früchte übergeht und die Blätter bei seinem meist spärlichen Auftreten kaum in ihrer Tätigkeit hemmt. In Südosteuropa dagegen gilt die Krankheit als sehr beachtlich, weil hier durch vorzeitigen Blattfall regelmäßig erhebliche Ertragsverluste eintreten, so daß zur Bekämpfung zeitige Schwefelspritzungen erforderlich sind. — Stachel- und Johannisbeersträucher leiden oft unter der Blattfallkrankheit (*Pseudopeziza ribis*

Kleb.), bei der Blätter im Sommer zuerst vergilben, dann dunkle kleine Flecke bekommen und schließlich abfallen. Häufig werden die Sträucher bereits im Spätsommer kahl. In den Blattflecken entstehen die gekrümmten Konidien der *Gloeosporium*-Nebenfruchtform, im Fallaub überwintern die Schlauchfrüchte in Form von Apothezien sowie Winterpyknidien, von denen die Frühjahrsansteckung ausgeht. Vorbeugende Kupferspritzungen sind gegen den Pilz wirksam, doch verbietet die Kupferempfindlichkeit zahlreicher Beerenobstsorten die allgemeine Anwendung, so daß organische Fungizide zu wählen sind. — Im Erdbeeranbau ist es die ebenfalls durch einen Schlauchpilz verursachte Weißfleckenkrankheit der Erdbeere (*Mycosphaerella fragariae* [Tul.] Lindau), die in manchen Jahren bei einzelnen Sorten massenhaft auftritt, ohne jedoch bei ihrem erst späten Erscheinen zur Zeit der Fruchtreife oder im Spätsommer den Ertrag merklich zu beeinflussen. — Das gleiche trifft schließlich im allgemeinen für die durch einen verwandten Pilz hervorgerufene Weißfleckenkrankheit der Birnblätter (*Mycosphaerella sentina* [Fuck.] Schroet.) zu, die sich in überaus zahlreichen sehr kleinen grauen Blattflecken äußert und die manchmal in feuchten Sommern bei anfälligen Birnensorten, wie „Gute Graue", „Boscs Flaschenbirne" oder „Gute Luise", die infizierten Blätter vorzeitig abfallen läßt. Gleiches gilt für den pilzlichen Erreger der Blattbräune der Quitte (*Stigmatea mespili* Sor.), der braune zusammenfließende Blattflecke bildet.

Im Gegensatz zu den genannten Blattfleckenpilzen, die vorzeitigen Blattfall herbeiführen, bewirkt der pilzliche Erreger der Blattbräune der Süßkirschen (*Gnomonia erythrostoma* [Pers.] Auersw.), daß die infizierten Kirschblätter über Winter am Baum hängenbleiben und erst nach der Kirschblüte abfallen. In den abgestorbenen Blättern entstehen die Perithezien, deren Schlauchsporen den neuen Blattaustrieb anstecken. Als Folge des Befalls verkrüppeln die Früchte, werden fleckig oder platzen auf. Die Krankheit ist in gebirgigen Anbaugebieten besonders auch auf Wildkirschen verbreitet. Die Kirschenanpflanzungen werden in feuchten und kühlen Sommern befallen. Das Auftreten des Pilzes ist daher wechselhaft und sehr sporadisch. Er ist mit gutem Erfolg bekämpfbar, wenn man über Winter die hängengebliebenen Blätter entfernen kann. Die Wirkung von Kupferspritzungen ist ungewiß. Gezielter Einsatz organischer Fungizide ist zu prüfen.

Erreger von Fleckenkrankheiten sind im Obstbau auch einige **Rostpilze** (*Uredinales* der *Basidiomycetes*). Bei zwei nicht wirtswechselnden Rostpilzen, dem Himbeerrostpilz (*Phragmidium rubi idaei* [Pers.] Karst.) und dem Brombeerrostpilz (*Phragmidium violaceum* [Schulz] Wint.) entwickeln sich alle Sporenlager auf den Blättern, meist unterseits: die gelben oder orangeroten Uredosporen, die dunklen Teleutosporen sowie die Aecidien und Spermogonien in roten bis violetten Blattflecken. Zu den wirtswechselnden Rostpilzen, die also nur auftreten, wenn Haupt- und Nebenwirtspflanzen am Standort der betreffenden Obstbäume oder Beerensträucher oder benachbart wachsen, gehören drei Rostpilzarten. Beim Säulenrost der Schwarzen Johannisbeere (*Cronartium ribicola* Dietr.) sind es die Uredosporen- und Teleutosporenlager, die im Hochsommer blattunterseits als orangegelbe oder goldbraune säulen- oder rankenförmige Rostpusteln erscheinen, denen oberseits helle verschwommene Flecke entsprechen. Erkrankte Blätter fallen vorzeitig ab. Die Sporidien aus den Teleutosporen infizieren die Weymouthskiefer („Weymouthskiefern-Blasenrost“), auf deren durch den Befall anschwellenden und verkienenden Zweig- und Stammpartien die Aecidien als gelbe blasenförmige Fruchtkörper entstehen. Diese quellen bei Feuchtigkeit auf. Ihr Myzel überdauert jahrelang, so daß aus ihm immer neue Aecidien zur Entwicklung kommen. Beim Birnengitterrostpilz (*Gymnosporangium sabinae* [Deiks.] Wint.) erscheinen auf den Blättern des Birnbaums im Spätsommer in orangeroten Blattflecken oberseits zuerst Spermogonien in Form dunkler Wärzchen später auf der Blattunterseite kegelförmige Aecidien die durch gitterartige Schlitze („Gitterrost") ihre Sporen entlassen. Die Infektion rührt von Teleutosporenlagern her, die auf dem Sadebaum (*Juniperus sabina* L.) oder einigen ausländischen Wacholderarten, nicht aber auf dem einheimischen Wacholder als anfangs hellbraune und feste, bei Regenwetter dunkelbraune und gallertige Zäpfchen erscheinen. Auch hier überdauert das Myzel und veranlaßt die befallenen Zweigpartien zu spindelförmigen Anschwellungen. Es ist erklärlich, daß die beiden letztgenannten Rostpilzarten besonders in Baumschulen Beachtung verdienen und daß Obstanlagen in der Nachbarschaft von Parks und sonstigen Koniferenanpflanzungen am ehesten bedroht sind. Nicht selten ist der Schaden bei den Nadelhölzern folgenschwerer als bei den Obstgewächsen. Auch der Becherrostpilz der Stachel- und Johannisbeere (*Puccinia ribesii-caricis* Kleb.) lebt in den Fruchtformen der Spermogonien und Aecidien auf den Blättern der Beerensträucher und zwar die ersten weniger auffällig blattoberseits schon im zeitigen Frühjahr, die zweiten als leuchtend-gelbe dickliche Polster auf der Unterseite der Blätter, auf Blattstielen und Früchten. Uredo- und Teleutosporenlager, von denen aus die Ansteckung auf die Beerensträucher übergreift entwickeln sich auf den Blättern harter Gräser oder Seggen (*Carex*). Obwohl Rostsporen durch den Wind weit verweht werden, sind naturgemäß Beerenobstanpflanzungen in gewässerreichem Gelände am meisten gefährdet. Für das Auftreten der wirtswechselnden Rostpilze ist charakteristisch, daß ein Befall witterungsmäßig bedingt urplötzlich und dann oft massenhaft stattfindet und daß die Pilze für Jahre „verschwunden" sein können.

Verunstaltungen der Blätter, Triebe oder Früchte werden durch eine Gruppe (*Taphrinales*) der Schlauchpilze angerichtet, die dadurch biologisch gekennzeichnet sind, daß die Schläuche (Asci) nicht in geschlossenen Fruchtkörpern, sondern frei nebeneinander liegend in einer dünnen Schicht (Hymenium) entwickelt werden.

Die befallenen Pflanzenteile sehen dann wie bereift oder mit wachsartigem Belag überzogen aus. Unter den die Blätter verunstaltenden Arten ist der Erreger der Kräuselkrankheit des Pfirsichs (*Taphrina deformans* [Berk.] Tul.) der wichtigste. Er bewirkt beulige oder blasige, hellgelb oder rot gefärbte, brüchige Auftreibungen und Verdrehungen der Blätter mit unterseits aufgelagerter Hymeniumschicht des Pilzes. Sämtliche erkrankten Blätter fallen nach einer gewissen Zeit ab, der Neuaustrieb bleibt aber gesund. Durch den Blätterverlust und durch den neuen Austrieb tritt eine Wachstumsschädigung des Baumes ein, die sich auf den Ertrag auswirkt. Unter Umständen reift auch das einjährige Holz schlecht aus und wird frostempfindlich. Die Ansteckung der Blätter im Frühjahr erfolgt vom überwinterten Myzel auf der Rinde und in Knospen daher sind Vorblütespritzungen mit Kupfermitteln zur Zeit des Knospenschwellens und Winterspritzungen mit Kupfer wirksam. Sogenannte Hexenbesen, das sind dichtgedrängt wachsende Zweige von besenartigem buschigem Wuchs, werden durch verwandte Pilze bei den Kirschbäumen (*Taphrina cerasi* [Fuck.] Sad.) und Pflaumenbäumen (*T. insititiae* [Sad.] Joh.) hervorgerufen. Die Blätter solcher Triebe, die nicht blühen und fruchten, werden ebenfalls beulig oder verkrümmt, unterseits mit dem reifartigen Hymenium der Pilze bedeckt, vertrocknen früh, wobei die Kirschblätter einen auffallenden Cumarin-Geruch haben. Die Hexenbesen nehmen von Jahr zu Jahr an Umfang zu. Die Früchte schädigt der Erreger der Taschenkrankheit der Pflaumen oder Zwetschen (*Taphrina pruni* [Fuck.] Tul.), der vornehmlich die Hauszwetsche befällt und in der Regel an Einzelbäumen auftritt auf diesen dann aber fast alljährlich vorkommt weil das Pilzmyzel auf den Bäumen überdauert. Die Früchte werden auffallend lang und breit, sind flach, innen hohl und ohne Stein, verfärben sich oft gelblich oder rötlich und werden runzelig. Die kranken Früchte reifen nicht aus, sie werden hart und schmecken fade.

Mykosen der Obstbäume und Beerensträucher, die **an und in den verholzten Teilen** der Gewächse in die Erscheinung treten, sind in der Regel auf einzelne Pflanzen beschränkt, ohne im allgemeinen die Anpflanzungen zu verseuchen, sie richten jedoch den befallenen Baum oder Strauch mehr oder weniger schnell zugrunde, wenn es nicht gelingt, durch Beseitigen der Infektionsherde eine Ausheilung zu erreichen. Die pilzlichen Erreger sind mehr fakultative Parasiten, die durch ungünstigen Standort oder durch falsche oder einseitige Ernährung im Wachstum gehemmte Gehölze befallen oder durch Wunden eindringen, so daß der Baum oder Strauch oft rettungslos verloren ist. Zu solchen Pilzen gehört der Erreger des Obstbaumkrebses (*Nectria galligena* Bres.), der sich besonders bei Apfelbäumen an Zweigen, Ästen oder Stämmen in nicht überwallten, konzentrisch gezonten Wunden als offener oder in knolligen Wucherungen als geschlossener Obstbaumkrebs darstellt (Abb. 9). Auf den Krebsstellen wächst der Pilz in weißlichen Rasen und entwickelt in gallertigen Polstern seine Konidien sowie später kugelige rote Dauerfruchtformen (Perithezien). Die Infektion erfolgt durch Wundstellen der Rinde. Durch Wundkallusbildungen sucht der Baum den Pilz abzuriegeln und die Krebswunden zu schließen. Er vermag dies besonders dann nicht, wenn der Baum auf zu kaltem feuchten Boden steht, der Standort Frosteinwirkungen ausgesetzt ist oder wenn der Baum einseitig mit Stickstoff gedüngt wird. Daher werden empfindliche Apfelsorten auf nicht zusagendem Standort am leichtesten krebskrank. Bei ihnen vermögen auch sorgfältiges Ausschneiden der Krebsstellen und gute Wundbehandlung keine Ausheilung zu erreichen. Eine pilzparasitäre Erkrankung am Stammgrund, besonders ausgehend von den Veredelungsstellen, durch einen Falschen Mehltaupilz (*Phytophthora cactorum* [Leb. et Cohn] Schroet.) hat in letzter Zeit beim Apfelbaum als Kragenfäule Bedeutung gewonnen. Der polyphage Pilz ist als Fruchtschädiger bekannt, er macht beispielsweise die Erdbeeren zäh und lederig und verfärbt sie braun er kann auch an Äpfeln eine Fruchtfäule hervorrufen. Der Pilz verursacht Wurzelfäulen, auch bei den Erdbeerpflanzen, und kommt als Parasit an vielen anderen Pflanzenarten vor. Die Stammfäule des Apfelbaums wird auffällig, wenn der Pilz von der zumeist borkigen Infektionsstelle nach oben auf glattrindige Stammpartien übergreift. Diese verfärben

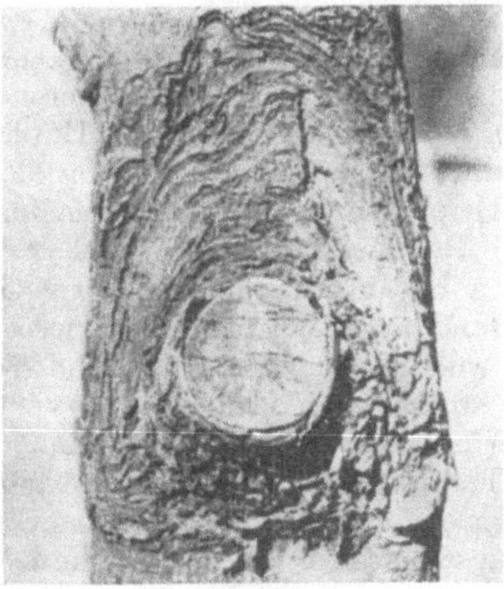

Abb. 9. Obstbaumkrebs

sich dann violett und werden schwammig. Greift die Fäulnis rund um den Stamm, dann kränkeln die Bäume mit allen Anzeichen einer Fußkrankheit, sie werden zweigdürr und gehen schließlich ein. Wie beim Obstbaumkrebs sind nur pflanzenhygienische Maßnahmen gegen die Krankheit anwendbar. Bedeutung haben widerstandsfähige Zwischenveredlungen auf resistente Unterlagen. Im Himbeeranbau ist es das pilzparasitäre Rutensterben (*Didymella applanata* [Nießl] Sacc., *Leptosphaeria coniothyrium* [Fuck.] Sacc.), das ähnlich wie die Kragenfäule des Apfelbaumes mit violetten Rindenflecken in Erscheinung tritt. Später reißt die Rinde auf und blättert ab. Der Austrieb der kranken Ruten wird nur spärlich oder bleibt ganz aus. Man hat festgestellt, daß die für die Pilzinfektion erforderlichen Wunden an der Rinde durch die Larven der Himbeerruten-Gallmücke (*Tomasiniana theobaldi* Barnes) entstehen, die im Korkgewebe der Ruten saugen, und daß auf ungünstigem, zu trockenem Standort die Himbeersträucher anfällig werden.

Ein Ast- und Baumsterben des Steinobstes beginnt ebenfalls mit Rindenschäden auf denen warzenartige Erhebungen entstehen aus denen rötliche Sporenfäden von Schlauchpilzen (*Valsa*-Arten) austreten. Unter Gummifluß sterben einzelne Zweige, später der Baum ab. Der Wund- und Schwächeparasit befällt vor allem im Wachstum geschwächte Bäume. Schließlich sind die holzzerstörenden Baumschwämme oder Blätterpilze (*Hymenomycetinae* der *Basidiomycetes*) zu nennen, deren Myzel in den Stämmen wuchert und deren Vorhandensein meist erst durch die an Stämmen oder Ästen hervorbrechenden Fruchtkörper in Form von mehr oder minder lang gestielten Hüten, breiten Konsolen oder Krusten offenbar wird. Verschiedene Porlinge (*Polyporus*-Arten), unter ihnen der Löcherschwamm (*P. ribis* Schum.) an alten Stachel- und Johannisbeersträuchern, und Blätterpilze (*Agaricus*-Arten), unter ihnen der berüchtigte Hallimasch (*A.* [Armillaria] *melleus* Vahl), der mit seinen dicken Rhizomorphen den Boden durchzieht und in ihm jahrelang lebensfähig bleiben kann, gehören hierher. Diese Pilze kommen auf zahlreichen Laub- oder Nadelhölzern vor, was für die Vermeidung eines Befalls der Obstgehölze beachtlich ist.

IV. Schädlinge im Obstbau

Der Obstbau wird von sehr zahlreichen Schädlingsarten bedroht, hauptsächlich Insekten. Schäden durch parasitäre Milben haben im Obstbau steigende Bedeutung erlangt. Die Schädlinge der Obstgewächse treten als Knospen- und Blütenschädlinge auf, die den Fruchtansatz verhindern und so die Obsterträge erheblich schmälern können. Es kommen sehr viele Blattschädlinge vor, die durch ihre Fraß- oder Saugtätigkeit das Gedeihen der Gewächse stören und so indirekt den Fruchtbehang nach Menge und Güte beeinflussen. Früh auftretende Fruchtschädlinge bringen die jungen Früchte zum Abfallen, später erscheinende machen die Früchte minderwertig

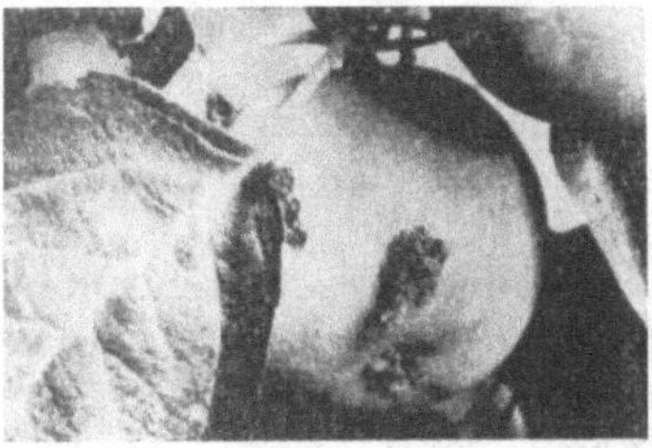

Abb. 10. Von der Raupe des Apfelwicklers befallener Apfel

und fördern durch die an ihnen erzeugten Wunden pilzparasitäre Fruchtfäulen. Schädlinge der Zweige, Äste und Stämme lassen Einzelpartien der Gehölze durch Spitzen- oder Zweigdürre oder durch Rutensterben zugrunde gehen, oder sie bringen im Laufe der Zeit das Gehölz zum Absterben, wenn sie sich im oder am Stamm festgesetzt haben.

Unter den **Fruchtschädlingen** stellt die Raupe des Apfelwicklers (*Carpocapsa pomonella* L.), allgemein als „Obstmade" bezeichnet, im Kernobstanbau den wichtigsten Schädling dar — in der industriemäßigen Produktion allerdings vom Apfelschalenwickler (S. 80) als Fruchtwickler erreicht —, gegen den die Spritzfolge mit Insektiziden weitgehend ausgerichtet ist. Die Ertragsverluste durch das „madige" oder „wurmstichige" Obst sind außerordentlich beachtlich (Abb. 10). Nach der Überwinterung der ausgewachsenen Raupe in einem festen Gespinst an der Baumrinde und nach der Verpuppung der Raupe im zeitigen Frühjahr in diesem Gespinst erscheint der graue mit einem rötlichen Spiegelfleck auf den Vorderflügeln gezierte kleine Falter von Mai/Juni an, um etwa 14 Tage später die Eier einzeln an die jungen Früchte, an Blätter oder Triebe abzulegen. Die junge Raupe frißt kurze Zeit außen an der Frucht und dringt alsbald ins Innere bis zum Kerngehäuse, um die Kerne zu verzehren. Die befallenen Früchte werden „notreif" und fallen ab, nachdem die Raupe in eine zweite eingedrungen ist. Die ausgestoßenen und außen hängenden Kotkrümel der Raupe sind typische Kennzeichen eines Befalls (Abb. 10). Das Erscheinen der Falter, ihr Flug und ihre Eiablage können sich über mehrere Wochen hinziehen, da sich die Entwicklung aus den überwinterten Raupen und Frühjahrspuppen je nach Standort und Lage der Obstanpflanzung und der dadurch bedingten unterschiedlichen Temperatureinwirkungen verzettelt, so daß immer wieder Nachzügler auftreten und Raupen verschiedener Entwicklungsstadien vorkommen. Die erst später erscheinenden Raupen brauchen daher nicht unbedingt solche einer zweiten Generation zu sein, die allerdings in klimatisch begünstigten Anbaugebieten häufiger vorkommt oder auch die Regel ist.

Die Raupen des Apfelwicklers können mit den gebräuchlichen Insektiziden bekämpft werden, solange sie sich noch nicht in die Früchte eingebohrt haben. Als fressende Schädlinge werden die Raupen mit Fraßgiften erfaßt. Unter diesen galten lange Zeit Bleiarsenpräparate wegen ihrer guten Haftfähigkeit und Stabilität als die besten Bekämpfungsmittel gegen die Obstmaden. Die große Gefahr durch die sehr giftigen Rückstände auf den Früchten, besonders nach erforderlich werdenden Spätbehandlungen und bei anhaltend trockener Witterung, hat aber die Abkehr vom Arsen zur Folge gehabt. Bei den synthetischen organischen Insektiziden kommt jetzt den Phosphormitteln und dem Wirkstoff Carbaryl besondere Bedeutung zu. Organische Phosphorinsektizde haben den Vorteil der Tiefenwirkung auch gegen schon unter der Schale fressende Raupen sowie der guten Wirksamkeit zugleich auch gegen Spinnmilben (S. 89) und der recht kurze Zeit nach der Behandlung nicht mehr zu befürchtenden giftigen Insektizidrückstände. Voraussetzung für einen Bekämpfungserfolg mit allen solchen Insektiziden sind aber der richtige Bekämpfungstermin und ein Wechsel in der Wirkstoffauswahl. Der Termin muß durch Beobachtung des Falterfluges und durch Ermittlung seines Hauptfluges, der Eiablage und des Zeitpunktes des Schlüpfbeginns der Raupen prognostisch erfaßt werden.

Die Raupen des Apfelwicklers sind auch Schädlinge der Birnen, hier, durch die Ernährung bedingt, weißlich gefärbt, sowie der Walnuß, der Pflaumen und Zwetschen. In den beiden letztgenannten kommt jedoch die ganz ähnlich aussehende, aber rötlicher gefärbte Raupe des Pflaumenwicklers (*Grapholitha funebrana* Tr.), vor, die sich im übrigen seltener an der Rinde der Bäume, sondern in einem Gespinst im Boden verpuppt. Die zuerst reif gewordenen und dann in der Regel „madigen" Pflaumen und Zwetschen enthalten die Raupen einer zweiten Generation. Diese mit chemischen Mitteln zu bekämpfen ist nicht leicht. In Betracht kommen Phosphorsäureesterpräparate in später Anwendung, etwa 10 Tage vor der Reife der Früchte. Der meist mengenmäßig viel geringere Anteil befallener Früchte durch die Raupen der ersten Generation wird in der Regel nicht beachtet, zumal die kleinen, eben angesetzten Pflaumen und Zwetschen viel auffälliger durch die Larven der Pflaumensägewespe (*Hoplocampa minuta* Christ, *H. flava* L.) geschädigt werden, die zwei bis drei junge Früchte je Larve ausfressen und sie zum Abfallen bringen. Die kleinen schwarzen oder bräunlichen Sägewespen legen während des Abblühens der Bäume die Eier einzeln in die Kelchblätter. Die erwachsenen Larven spinnen sich zur Überwinterung in einen Erdkokon ein, in dem sie sich im Frühjahr verpuppen. Eine ähnliche Entwicklung hat die Apfelsägewespe (*H. testudinea* Klg.), deren Fraßbild sich an den jungen Äpfeln von dem der Apfelwicklerraupe durch die große schwarze Fraßhöhle, innen feucht und ohne Kotkrümel, unterscheidet. Später erscheint bei herangewachsenen Äpfeln der anfangs dicht unter der Fruchtschale liegende Fraßgang als mehr oder weniger gewundener Korkstreifen. In den jungen Birnen lebt die Larve der Birnensägewespe (*H. brevis* Klg.) mit ähnlichem Fraßbild. Die jungen völlig ausgehöhlten Birnen werden schwarz und fallen ab. Charakteristisch für die erwachsenen Larven aller genannten Sägewespen ist deren deutlicher Wanzenduft. Spritzungen mit Insektiziden, vornehmlich Phosphorinsektiziden, müssen entsprechend dem frühen Schlüpfen der Larven mit den Abblühterminen der Obstarten und ihrer Sorten zusammenfallen.

Ein schlimmer Fruchtschädling der Süßkirsche ist die Made der Kirschfruchtfliege (*Rhagoletis cerasi* L.). Sie zerstört das Fruchtfleisch rings um den Stein. Befallene reife Kirschen werden glanzlos und fühlen sich weich an. Sie gehen alsbald in Fäulnis über. Die Kirschfruchtfliege gehört zu den Bohrfliegen (*Trypetidae*), sie fällt durch ihre bunte Färbung auf: schwarz mit gelbem Schildchen und zickzackförmigen schwärzlichen Bändern auf den glashellen Flügeln. Die Fliege ist bei warmem Wetter sehr lebhaft und dann auf den Blättern der Kirschbäume gut zu erkennen. Zur Eiablage benötigt sie Wärme und halbreife Kirschen. Daher werden diejenigen Sorten am ehesten befallen, deren Früchte zur Hauptflugzeit der Fliege (um Mitte Juni bis Anfang Juli) so weit herangewachsen sind. Ist das Wetter kühl und regnerisch, gibt es wenige madige Kirschen. Wird die Kirschblüte durch Frost vernichtet, geht auch die Fliegenpopulation schlagartig zurück, obwohl die Fliege nicht auf die Süßkirschen und in geringerem Maße auch Sauerkirschen angewiesen ist, sondern ihre Maden sich auch in den Früchten der Heckenkirschen (*Lonicera*), Traubenkirsche (*Prunus padus* L.) und Schneebeere (*Symphoricarpus racemosus* Mich.) entwickeln können. Außerdem spielen Wild- und Vogelkirschen als Nährpflanzen eine große Rolle. Andererseits ist es erklärlich, daß in Jahren mit einem großen Angebot von Früchten dieser Gehölze und Wildkirschen oder in nassen, regenreichen Sommern, in denen die Kirschen am Baum aufplatzen und faulig werden und dann massenhaft unter den Bäumen verkommen, die Vermadung für das kommende Jahr sehr gefördert wird. Die ausgewachsenen Maden verpuppen sich im Boden und überwintern hier als Tönnchenpuppen. Die aus ihnen im Mai/Juni geschlüpften Fliegen müssen durch Insektizide erfaßt werden, da die Maden in den Kirschen nicht erreichbar sind. Man benutzt, besonders bei den in erster Linie bedrohten mittelspäten und späten Kirschsorten, sobald sich die Kirschen rötlich zu verfärben beginnen und sobald der Flug der Fliegen aus unter natürlichen Bedingungen gehaltenen Tönnchenpuppen festgestellt ist, möglichst gering toxische Phosphorinsektizide (Trichlorphon) oder Carbaryl im Spritz- oder Nebelverfahren, auch unter Umständen im Flugzeugeinsatz. Daß den die Vermadung der Kirschen begünstigenden Wild- und Ziergehölzen Beachtung geschenkt werden muß, ist verständlich.

Zur Kirschfruchtfliege gesellt sich seit einigen Jahren in warmen Obstanbaugebieten die eingeschleppte Mittelmeerfruchtfliege (*Ceratitis capitata* Wied.), die ebenfalls bunt gefärbt ist und auch zu den Bohrfliegen gehört. Ihre Maden leben in Anzahl in reifen Pfirsichen, Aprikosen, auch Äpfeln und Birnen, und werden leicht mit Apfelsinen und Bananen eingeschleppt. In den tropischen Ländern hat die Art sehr viele Bruten, in anderen Gebieten nur zwei. Die Bekämpfung mit Insektiziden ist die gleiche wie gegen die Kirschfruchtfliege, wobei auch hier der Termin nach dem Flug der Fliegen liegen muß. Zur Verhütung der Einschleppung mit importierten Früchten finden regelmäßige Kontrollen der Sendungen statt.

Fruchtschädlinge sind auch die Larven von Fruchtstechern, metallisch-goldgrün, kupferrot oder pupurrot gefärbten Rüsselkäfern, die auf Sauerkirschbäumen

(*Rhynchites auratus* L.), auf Pflaumenbäumen (*R. cupreus* L.) und auch Apfel- und Birnbäumen (*R. bacchus* L., *R. aequatus* L.) und gelegentlich auf anderen Obstbäumen schädlich werden. Die Stecher (*Rhynchitini*) üben eine Brutfürsorge aus. Bei den genannten Fruchtstechern lösen die weiblichen Käfer für die Eiablage an die Frucht ein Stückchen der Fruchtschale, schieben das Ei darunter und drücken das Schalenstückchen wieder fest. Die fußlosen, mit deutlicher Kopfkapsel versehenen Larven fressen meist einzeln in den heranwachsenden Früchten, die der auf Kirschbäumen lebenden Art in den Kirschsteinen. Die befallenen Früchte verkümmern und zeigen später das Ausbohrloch der sich in der Erde verpuppenden Larve, was bei den befallenen Kirschen besonders deutlich wird. Andere Stecherarten sind Blattrippenstecher (*Rhynchites pauxillus* Germ.) auf Apfelbäumen, besonders in Baumschulen, Triebstecher (*R. coeruleus* Deg.) auf Birnbäumen oder an Erdbeerpflanzen (*R. germanicus* Herbst) oder Blattwickler (*Byctiscus belulae* L.) auf Kernobstbäumen, dem Weinstock und verschiedenen Laubgehölzen. Die Jungkäfer dieser Arten überwintern und üben vor der Begattung und Eiablage im Frühjahr durch Anstechen der schwellenden Blattknospen einen Reifungsfraß aus, der sich gelegentlich sehr schädlich auswirken kann, so daß sich zu diesem Zeitpunkt, also vor der Eiablage, eine Bekämpfung der Käfer mit Kontaktinsektiziden als erforderlich erweist.,

Allgemeiner verbreitet und als Schädlinge auffälliger sind die **Blütenknospen-** und **Blattknospenstecher** ebenfalls Langrüßler, von denen der Apfelblütenstecher (*Anthonomus pomorum* L.) auf Apfel- und Birnbäumen die Blütenknospen zerstört, der Birnknospenstecher (*A. pyri* Koll.) die Winterknospen des Birnbaums vernichtet. Der Schaden entsteht durch die Larven, die sich in den Knospen entwickeln. Dadurch öffnen sich die befallenen Blütenknospen der Apfel- und Birnbäume nicht, sie werden braun und trocken und zu einer Schutzhülle für die den Blütenboden zerfressende Larve und später für die Puppe. Der graubraune Apfelblütenstecher, auf den Flügeldecken mit einer verwaschen hellen Querbinde, überwintert an geschützten Stellen und übt sehr zeitig, sobald warmes Frühjahrswetter herrscht, seinen Reifungsfraß durch Anbohren der Winterknospen aus und legt die Eier an die eben erscheinenden Blütenknospen ab. Der ähnlich aussehende, aber bunter rotbraun gefärbte Birnknospenstecher belegt die Winterknospen des Birnbaumes im September/Oktober mit seinen Eiern, nachdem er vom Frühjahr an im Sommerschlaf verborgen war. Der Fraß seiner Larve vernichtet die ganze Tragknospe und ist dadurch für den Baumertrag, zumal Einzelbäume in der Regel stark befallen werden, durchaus schädlich. Die Tätigkeit der Larven des Apfelblütenstechers ist im Hinblick auf die Schmälerung des Ertrages nicht so eindeutig zu beurteilen. Nach statistischen Auszählungen und vergleichenden Ertragsermittlungen hat der durch den Apfelblütenstecher entstandene Verlust an Blüten einen später entsprechend geringeren physiologischen Früchtefall, wie er regelmäßig nach dem Abblühen eintritt, zur Folge, so daß im Endeffekt durch den Käfer und seine Larven kaum ein Schaden entsteht, sondern daß im Gegenteil in Jahren mit überreicher Blüte die „ausdünnende“ Tätigkeit der Art durchaus nicht unerwünscht sein kann. Zu beachten ist jedoch auch, daß der Apfelblütenstecher in alten, wenig gepflegten Obstbaumbeständen, wo er beste Überwinterungsmöglichkeiten vorfindet, oft so massenhaft vorkommt, daß er hier einen viel zu großen Anteil des Fruchtansatzes verhindert. Man bekämpft den Käfer durch insektizide Spätwinter- oder Austriebsspritzungen. Eine verwandte schwarze Käferart lebt als Himbeerblüten- oder Erdbeerblütenstecher (*Anthonomus rubi* Herbst), eine weitere rostbraune Art als Kirschsteinstecher oder Steinfruchtstecher (*Furcipes rectirostris* L.) in den Kirschsteinen von Sauerkirschen, verpuppt sich in diesen und überwintert als Käfer zwischen Fallaub oder unter Borkenschuppen.

Obstanlagen, in denen regelmäßig die termingerechten Vorblüte- und Nachblütespritzungen mit Insektiziden vorgenommen werden, haben im allgemeinen wenig unter **Raupenfraß** zu leiden. Gleichwohl können auch bei ihnen bei der Vielzahl der im Obstgelände vorkommenden Schmetterlingsarten mit unterschiedlicher Lebensweise und Begünstigung durch die jeweiligen Witterungseinflüsse plötzlich Fraßschäden eintreten. Schon in den schwellenden Knospen und beim Austrieb an den durch die Räupchen versponnenen Blatt- und Blütenbüscheln beginnt der Fraß von Wicklerraupen (*Tortricidae*). Es sind recht lebhafte, grau, grünlich oder rötlich gefärbte und dunkel beborstete Warzen auf den Körpersegmenten tragende Raupen, die an ihrem ruckweise und schlängelnden Rückwärtskriechen oder dem Abspinnen an einem Gespinstfaden zu erkennen sind, wenn sie aus ihrer Fraßstelle aufgescheucht worden sind. An Apfel- und Birnbäumen richten vor allem die nach der Färbung der Raupen bekannten Roten Knospenwickler (*Tmetocera ocellana* F.), die unter einem grauen Gespinst an Zweigen überwinterten, sowie die Grauen Knospenwickler (*Argyroploce variegana* Hb.), deren Überwinterung im Eistadium erfolgt, Fraßschäden an. Der Raupenfraß der erstgenannten Art greift dann nicht selten auf die jungen Früchte über. Ein solcher Schabefraß an den Früchten wird auch durch zahlreiche andere Blattwicklerarten (*Cacoecia, Pandemis*) ausgeübt, besonders durch den Apfelschalenwickler (*Adoxophyes reticulana* Hb.), dessen grünliche Räupchen an der Rinde der Obstbäume, gern unter angesponnenen trockenen Blattstückchen überwintern und in der Sommergeneration unter solchen an Äpfeln und Birnen einen grubigen Schabefraß ausüben, der die Früchte entwertet und außerdem Fruchtfäulen begünstigt. Demgegenüber ist der anfängliche Skelettierfraß der Raupen an den Blättern unerheblich. Wicklerraupenfraß (*Ancylis comptana* Froel., *Acalla comariana* Zell.) können gebietsweise auch im Erdbeeranbau recht bedeutungsvoll werden, wenn die Raupen minierend oder zwischen versponnenen Blättern fressend die Kulturen heimsuchen. Neben dem Fraß durch Wicklerraupen setzt derjenige durch verschiedene Mottenraupen ebenfalls sehr zeitig im Frühjahr ein. In manchen Jahren zerstören die überwinterten Räupchen der Sackträger- oder Futteralmotten (*Coleophora*) schon die schwellenden Knospen und minieren dann in den Blättern. Aus versponnenen Pflanzenteilen verfertigen sich die Raupen eine gestreckte oder gekrümmte Schutzhülle, die sie ständig mit sich herumschleppen und aus der sie sich zum Ausweiden des Blattgrüns zwischen Ober- und Unterhaut des Blattes so weit herausstrecken, daß sie noch mit den starken Borsten des letzten Körpergliedes im Futteral verankert bleiben. Daher zeigt die Platzmine einer Sackträgermottenraupe als Charakteristikum stets die runde Einbohröffnung in der Mitte der Mine. Schädlicher Fraß kommt auf Kern-und Steinobst, besonders auf dem Pflaumenbaum vor. Die Raupen der Kirschblütenmotte (*Argyresthia ephippella* F.) sind auf allen Steinobstarten gefährliche Knospen-, Blütenknospen- und Blütenschädlinge. Sie richten als Blütenschädiger auf den Kirschbäumen oft erheblichen Schaden an, ohne daß dieser immer richtig erkannt wird. Die schwarzgefleckten Raupen der Gespinstmotten (*Hyponomeuta malinellus* Zell., *H. padellus* L.) fallen durch ihre gesellige Lebensweise in großen grauen Gespinsten auf. Auch ihre Falter sind durch ihre reinweißen, schwarzpunktierten Vorderflügel sowie durch die dicht nebeneinander in den Raupengespinsten hängenden weißen Puppenkokons sehr auffällig. Die Gespinstmotten gehören zu den Schädlingen, die nach jahrelangem, kaum bemerkbaren Vorkommen plötzlich, und zwar nach einer Periode trockener und warmer Jahre, massenhaft auftreten. Dann bedecken die schleierartigen Gespinste der Raupen nicht selten ganze Zweige und Äste. Schließlich setzt auch der Fraß der Raupen des Kleinen Frostspanners (*Cheimatobia brumata* L.) schon zeitig im Frühjahr an den austreibenden Knospen, dann zwischen den versponnenen Blätter- und Blütenbüscheln ein. Es sind sich „spannend" fortbewegende Raupen, da ihnen die mittleren Bauchfüße fehlen: sie halten sich mit den Brustfüßen fest, krümmen den schlanken Körper bogenförmig, setzen die letzten Bauchfüße dicht an die Brustfüße heran und strecken dann den Körper nach vorn. Aus den überwinterten Eiern schlüpfen die gelblichgrünen, mit heller Seitenlinie gezierten Raupen bereits von März ab, je nach dem Eintritt der Frühjahrswärme. Mit dem Fortschreiten der Vegetation greift der Raupenfraß auf Blätter und junge Früchte über. Besonders Kirschen werden, solange die Steinanlage noch weich ist, sehr stark benagt und löffelartig ausgehöhlt. Erwachsen spinnen sich die Raupen auf den Boden ab und verpuppen sich in ihm in einem Gespinst. Die Falter erscheinen von Oktober ab, sobald die Temperatur genügend abgesunken ist. Es brauchen nicht unbedingt Frosttemperaturen zu sein, wie der deutsche Name der Art vermuten läßt, jedoch schlüpfen die Falter je nach dem frühen oder späten Eintritt des Winters in den einzelnen Gegenden früher oder später im Jahre, wobei sich bestimmte Lokalrassen der Art herausgebildet haben. Die Weibchen des Frostspanners besitzen nur Flügelstummel, sie sind also flugunfähig. Darauf beruht die veraltete Bekämpfungsmaßnahme, die zur Eiablage in der Baumkrone am Stamm emporkriechenden Weibchen durch Leimringe um den Stamm abzufangen. Im Obstbau hat diese Maßnahme infolge der Empfindlichkeit der Raupen für synthetische Insektizide an Bedeutung verloren. Gleichwohl besteht immer die Gefahr eines Massenauftretens, da die Raupen polyphag an Laubgehölzen, auch als Forstschädlinge, vorkommen.

Erheblicher Raupenfraß kann an den Obstbäumen auch durch die großen behaarten Raupen von Spinnern (*Lymantriidae*) oder Glucken (*Lasiocampidae*) angerichtet werden. In den bekannten Winternestern, die nach dem Laubfall der Obstbäume auffällig werden, überwintern in großer Zahl beieinander die Räupchen des

Goldafters (*Euproctis chrysorrhoea* L.), als Eier in Form von Eihaufen, die von den Hinterleibshaaren des weiblichen Falters bedeckt sind, an der Rinde von Stämmen und Ästen die Schwammspinner (*Lymantria dispar* L.), als Eier in flachen Gelegen auf dem Puppengespinst des flügellosen Weibchens die Schlehenspinner (*Orgyia antiqua* L.), als fest miteinander verkittete Eiringe die Ringelspinner (*Malacosoma neustria* L.). Für alle diese und weitere im Obstbau weniger bedeutungsvolle Arten ist charakteristisch, daß sie polyphag auf Laubgehölzen leben und schädlich werden und daß sie in einzelnen Jahresperioden massenhaft in Erscheinung treten und dann Jahre hindurch nur ganz vereinzelt vorkommen. Die jungen Raupen sind gegen Insektizide recht empfindlich, die herangewachsenen nicht mehr.

Im Beerenobstbau tritt ein Fraß durch die Larven von Blattwespen (*Tenthredinidae*) an die Stelle der Fraßschäden durch Schmetterlingsraupen. Die durch die zahlreichen Bauchfüße gekennzeichneten „Afterraupen“ der Blattwespen sind sehr gefräßig, so daß innerhalb kurzer Zeit ganze Sträucher, etwa der Stachelbeeren, durch die Larven der Stachelbeerblattwespe (*Pteronidea ribcsii* Scop.), kahlgefressen werden können. Weniger schlimm wirkt sich der Skelettierfraß der schneckenähnlichen Larven der Schwarzen Kirschblattwespe (*Caliroa limacina* Retz.) an den Blättern der Sauerkirschen und Birnbäume aus, da er erst nach oder während der Fruchtreife durch die zweite Generation der Art auffallend stark wird. Es gibt im übrigen auch unter den Blattwespen Arten, deren Larven als Gespinstblattwespen (*Lydidae*) in bräunlichen Gespinsten gesellig leben. Gelb gefärbt und fettglänzend sind die Larven der Birnengespinstblattwespe (*Neurotoma flaviventris* Retz.), dunkelgrün mit dunkleren Rückenstreifen die der Steinobstgespinstblattwespe (*N. nemoralis* L.), die in wärmeren Anbaugebieten besonders den Pfirsichbäumen gefährlich wird. Die massenhaft in den Gespinsten liegenden Kotkrümel der Larven sind kennzeichnend für die

Schädlinge, die sich einzeln in der Erde verpuppen, nicht wie die Gespinstmottenraupen gesellig im großen Raupengespinst.

Als **saugende Schädlinge** der Obstgehölze und des Beerenobstes treten zahlreiche Arten von Blattläusen auf. Auf den Obstbäumen und Beerensträuchern besteht der Hauptschaden in der Saugtätigkeit der Läuse selbst, weil diese die Blätter und Triebe verunstaltet, sowie in der Verschmutzung durch den von den Blattläusen ausgeschiedenen Honigtau und durch die auf diesem sich ansiedelnden Rußtaupilze. Bei den Erdbeerpflanzen kommt zum Saugschaden noch der infolge Übertragung von Viren hinzu. Die meisten auf Obstbäumen schädlichen Blattlausarten brauchen für ihren Entwicklungsgang einen Wirtspflanzenwechsel. Die Obstgehölze stellen den Haupt- oder Primärwirt dar, auf dem die Wintereier überwintern. Die Läuse werden daher schon dem ersten Austrieb im Frühjahr sehr gefährlich. Sie vermehren sich bei zusagender Witterung außerordentlich schnell, so daß alsbald dichte Kolonien der Läuse die Triebspitzen bedecken und Blätter und Triebe verunstalten. Zu nennen sind die Schwarze Kirschenlaus (*Myzus cerasi* F.), die in verschiedenen Rassen auf der Sauerkirsche, wo die Blätter durch das Saugen nur schwache Aufwölbungen erfahren, und der Süßkirsche auftritt, deren Blätter eng gerollt und trocken werden und durch die Ausscheidungen der Läuse sehr verschmutzen (Nebenwirtspflanzen: *Galium* und *Veronica*); die Große und die Kleine Pflaumenlaus (*Brachycaudus cardui* L., *B. helichrysi* Kalt.) als Erzeuger enger und fester Rollungen und Kräuselungen der Blätter auf Pflaumen- und Zwetschenbäumen (Nebenwirtspflanzen: Compositen und Boraginaceen): die Rosige Apfellaus (*Dysaphis plantaginea* Pass.), die gelbwerdende und vertrocknete Blattrollungen, und die Wulstgallen-Apfellaus (*D. radicola Mordw.*), die rote nach unten gedrehte Blattwülste bewirkt (Nebenwirtspflanzen: *Plantago*, *Rumex*): die Birnenlaus (*D. pyri* B. d. F.), die Blattrollungen unter starker Honigausscheidung hervorruft (Nebenwirtspflanze: *Galium*): die Mehlige Pflaumenlaus (*Hyalopterus pruni* Geoffr.) und die Mehlige Pfirsichlaus (*H. amygdali* Blanch.), die unter dichter Wachsbekleidung massenhaft auf der Unterseite der Blätter saugen, ohne daß sich die Blätter rollen oder kräuseln, und die durch Wachsausscheidungen und durch Honigtau mit nachfolgendem Rußtau Blätter und Früchte verschmutzen und vorzeitig abfallen lassen. Auf dem Apfelbaum können schon auf den sich gerade öffnenden Winterknospen zwei Blattlausarten auftreten, die sich sehr ähnlich sehen, aber verschieden leben. Nicht wirtswechselnd ist die Grüne Apfellaus (*Aphis pomi* Deg.), also das ganze Jahr auf dem Apfelbaum, auch auf Birne, Quitte oder Weißdorn vorkommend. Sie ist gleichmäßig gelbgrün gefärbt mit bräunlichem Kopf. Ihre Ungeflügelten besitzen lange, dunkelbraune bis schwarze Rückenröhren (Siphone). Hell-gelblichgrün gefärbt, aber mit dunklen, auch quer gebänderten Seiten und mit hell durchscheinenden, nur an der Spitze dunklen, kurzen Rückenröhren ist die wirtswechselnde Apfelgraslaus (*Rhopalosiphum insertum* Walk.). Sie wandert von Anfang Juni an vom Apfelbaum, auch Birne und anderen Pomoideen auf Gräser als Nebenwirtspflanzen ab. Beide Arten saugen auf Kernobstbäumen zuletzt an Blätter- und Blütenbüscheln. Die als Virusvektor bei landwirtschaftlichen Kulturpflanzen, im Gemüse- und Zierpflanzenbau so wichtige Grüne Pfirsichblattlaus (*Myzus persicae* Sulz.) hat in dieser Eigenschaft und als saugender Schädling keine oder nur geringe Bedeutung im Obstbau. Dagegen ruft auf dem Pfirsich die nicht wirtswechselnde Schwarzgefleckte Pfirsichblattlaus (*Brachycaudus prunicola* [Kalt.] subsp. *schwartzi* Börn.) an den Triebspitzen starke Verkräuselungen und Nestbildungen der Blätter hervor, die dabei ihre grüne Färbung behalten. Die Beerensträucher erleiden durch Blattläuse Triebstauchungen und Blattnestbildungen: an Roter Johannisbeere die nichtwirtswechselnde Grüne Johannisbeerlaus (*Aphis schneideri* Börn.), an Schwarzer Johannisbeere durch die wirtswechselnde (Nebenwirtspflanzen: *Sonchus* und *Mulgedium*) Johannisbeerkolbenlaus (*Hyperomyzus lactucae* L.), an Stachelbeeren durch die wirtswechselnde (Nebenwirtspflanze: *Epilobium*) Kleine Stachelbeerlaus (*Aphis grossulariae* Kalt.), an Himbeeren die nichtwirtswechselnde Kleine Himbeerlaus (*Aphis idaei* v. d. Goot), an Brombeeren die nichtwirtswechselnde Kleine Brombeerlaus (*A. mordvilkiana* Dobr.). Die auf Johannisbeersträuchern so auffälligen roten oder weißlichen Blattbuckelungen erzeugt die wirtswechselnde (Nebenwirtspflanzen: Labiaten) Johannisbeergallenlaus (*Cryptomyzus ribis* L.). Bei den Erdbeeren spielt als Virusüberträger die Knotenhaarlaus (*Pentatrichopus fragaefolii* Cock), eine weiß- bis gelbgrün gefärbte, an ihren Knopfborsten kenntliche, anscheinend aus Nordamerika eingeschleppte Blattlaus eine beachtliche Rolle, während die dunkelgrün bis fast schwarz gefärbte Kleine Erdbeerlaus (*Aphis forbesi* Weed) lediglich Saugschäden anrichtet. Die Laus saugt am Grunde der Blattstiele und wird meist erst durch den Besuch von Ameisen auffällig, wenn diese die Blattlauskolonie mit Erdklümpchen umbauen.

Zu den Blasenläusen (*Eriosomatidae*) gehört die durch ihre weißen, wolligen Wachsausscheidungen bekannte Blutlaus (*Eriosoma lanigerum* Hausm.). Sie vermehrt sich ausschließlich parthenogenetisch, indem anfangs ungeflügelte, später geflügelte Jungfernläuse entstehen. Die im Hochsommer und Herbst entwickelten männlichen und weiblichen Geschlechtstiere sind rüssellos, nehmen also keine Nahrung auf und bleiben sehr klein. Die Weibchen legen nur ein einziges, nichtlebensfähiges Winterei ab. Die Überwinterung der Blutlaus geschieht daher bei uns entweder oberirdisch im jüngsten Larvenstadium, das sich geschützt durch die abgestreiften Häute der Sommerläuse am „Blutlauskrebs" oder unterirdisch als Wurzelläuse aufhält. Diese Winterläuse, die keine weißen Wachsausscheidungen haben, ertragen stärkere Fröste besser als die oberirdisch überwinternden Läuse. Ein regelmäßiger Wirtswechsel der Blutlaus zwischen Apfelbaum und Ulme, auf der in ihrer nordamerikanischen Heimat das Winterei abgelegt wird, fehlt bei uns. Die Vermehrung der Blutlaus erreicht in den Monaten Juni und Juli ihren Höhepunkt, im heißen Hochsommer ist sie gehemmt und schwillt im Herbst wieder an. Die Ausbreitung von Baum zu Baum besorgen wandernde Junglarven, die auch leicht vom Wind verweht werden, sowie geflügelte Jungfernläuse. Verschleppt wird die Blutlaus durch befallene Apfelbäume. Es ist bekannt, daß die Apfelsorten ganz verschieden anfällig für einen Blutlausbefall sind. Einen Befall und damit Saugschäden zu vermeiden, ist daher in erster Linie eine Sortenfrage. Zur direkten Bekämpfung eignen sich als Spritzmittel Spezialformulierungen von Insektiziden. Die früher viel gebräuchlichen Pinselmittel für die Behandlung der Krebsstellen werden nur noch wenig benutzt. Als Feind der Blutlaus hat die aus südlichen Ländern eingeführte Blutlauszehrwespe (*Aphelinus mali* Hald.) eine gewisse Bedeutung erlangt, ohne jedoch für die Dauer wirksam zu werden.

Stärkerer Befall mit Schildläusen auf der Rinde der Stämme, Äste und Zweige der Obstbäume oder an den Ruten der Beerensträucher ist in der Regel ein Anzeichen für zu ungünstigen Standort der Bäume und Sträucher, für unzweckmäßige Ernährung oder schlechte Pflege der Kulturen. Auf Obstgehölzen, die nach Fraßschäden oder parasitären Erkrankungen oder irgendwelchem Schädlingsbefall kränkeln, finden die Schildläuse oft beste Entwicklungs- und Ernährungsbedingungen. Die großen roten Schalen- oder Napfschildläuse (*Lecaniini*) kommen nicht selten vereinzelt oder auf der Rinde verstreut vor, häufig entstehen aber auch große Kolonien dicht beieinander sitzender Tiere. Die Deckelschildläuse (*Diaspini*), zu denen auch die Kommaschildlaus (*Lepidosaphes ulmi* L.) gehört, bilden meist dichte Krusten auf der Rinde. Als sehr aggressiv erweist sich die eingeschleppte und verbreitete San-José-Schildlaus (*Aspidiotus perniciosus* Comst.), die lebendgebärend mehrere Bruten im Jahr erzeugt und als Junglaus unter kleinem schwarzen Schild überwintert. Der Gefahr einer Einschleppung mit Gehölzen und Früchten aus Befallsländern sucht man überall durch Quarantänemaßnahmen und durch die Pflanzenbeschau an den Staatsgrenzen zu begegnen. Die direkten Bekämpfungsmaßnahmen in befallenen Obstanlagen bestehen in Winter- und Sommerspritzungen mit ölhaltigen Präparaten oder mit Gelbölen.

Ein häufiger saugender Schädling auf alten Apfelbäumen, zumal wenn diese sehr dicht stehen, nicht ausgelichtet werden und ohne gute Pflege sind, ist der Apfelblattfloh oder Apfelsauger (*Psylla mali* Schmidb.), ein drei bis vier Millimeter großer, anfangs grün, später rötlich gefärbter Blattfloh. Es handelt sich um ein wärmeliebendes, windflüchtiges Insekt, das sich in dichten Baumkronen alter Bäume am besten hält und in denen es an der rissigen, oft mit Moosen und Flechten bewachsenen Rinde beste Ablagestellen für die überwinternden Eier findet. Solche Bäume treiben oft, auch infolge ungenügender Ernährung, nur zögernd aus und begünstigen damit das Saugen der flachen, anfangs rötlich, später hellgelb und grünlich gefärbten wanzenähnlichen Larven, die sich am Grunde der sich langsam entfaltenden Blätter- und Blütenbüschel aufhalten. Diese werden nicht allein durch die Saugfähigkeit der Larven im Wachstum gehemmt, sondern auch von den massenhaft ausgeschiedenen weißen, wachsartigen Kottröpfchen verklebt und durch die sich auf dem Honigtau ansiedelnden Schwärzepilze verschmutzt. Die Blütenknospen verkümmern, die Blättchen bleiben klein, durch zahlreiche Stichstellen verletzt, auch die noch angesetzten Früchte verkrüppeln. Ab Ende Mai erscheinen die Imagines, sie sitzen auf den Blättern und springen beim Erschüttern der Äste ab, um sich nach kurzem Flug wieder niederzulassen. Die Apfelblattsauger saugen bis zur Eiablage an den herangewachsenen Blättern, fügen ihnen viele Stichverletzungen zu, die ihrerseits oft Ursache für phytotoxische Einwirkungen bei fungiziden oder insektiziden Nachblütespritzungen sind. An sich bietet die Bekämpfung des Schädlings mit Winterspritzungen gegen die Eier oder mit Austriebsspritzungen gegen die jungen Larven keine großen Schwierigkeiten, doch müssen durch Auslichten, gute Ernährung und Pflege der Bäume die Voraussetzungen für ein Massenauftreten des Schädlings beseitigt werden. Auf dem Birnbaum lebt der zuerst grün, später rotbraun gefärbte Birnblattsauger (*Psylla pyrisuga* Foerst.), der als Imago überwintert und erst im Frühjahr seine Eier an Blätter und Triebe ablegt. Durch das Saugen der Larven kräuseln und verdrehen sich die Spitzenblätter der Triebe und bedecken sich alsbald mit dem von den Larven ausgeschiedenen Honigtau. Auch diese Art bevorzugt warme und geschützte Standorte der Bäume. Nach starkem, jahrelangem Befall kommt es nicht selten zu einer Spitzen- und Blütendürre der Birnbäume, wobei die Blütenbüschel vertrocknen und die Zweige an der Rinde blasig auftreiben, sich schwach belauben und spitzendürr werden. Eine andere Art (*Psylla pyricola* Foerst.) gilt als Vektor des Birnenverfalls (S. 51).

Zum gefährlichen Schädling gerade in den gepflegten Obstanlagen, vor allem der Apfel- und Pflaumenbäume, hat sich in letzter Zeit die Obstbaumspinnmilbe (*Metatetranychus ulmi* Koch) entwickelt. Die „Roten Spinnen“ überwintern auf den Zweigen, besonders in der Nähe der Knospen, und an den Ästen als kugelige, leuchtend rote, radial gefurchte Eier, oft in großen Mengen dicht beieinander, so daß die Rinde an solchen Stellen rötlich schimmert. Wenn die Obstbäume abgeblüht haben, saugen bereits die aus den Wintereiern geschlüpften Larven auf den Unterseiten der Blätter. Später leben hier auch die Nymphen und erwachsenen Milben unter einem sehr zarten, lockeren Gespinst zwischen abgestreiften Häuten und den Sommereiern der Tiere, denn es folgen in unregelmäßigen Abständen bis zu fünf Generationen nacheinander. Die Ablage der Wintereier durch die Weibchen der letzten beiden Generationen zieht sich bis in den Spätherbst hinein. Neben der genannten eigentlichen Obstbaumspinnmilbe kommen noch andere Spinnmilbenarten als Schädlinge der Obstbäume vor. Wichtig ist besonders die polyphage Gemeine oder Bohnenspinnmilbe (*Tetranychus urticae* Koch), die für den Gemüse- und Zierpflanzenbau (S. 134, 161) große Bedeutung hat. Deren Weibchen überwintern in Ritzen und Spalten der Rinde und am Stammgrund, aber auch auf krautartigen Gewächsen und am Boden. Die Art zeichnet sich durch ihr starkes Spinnvermögen aus. Die Milben selbst sehen mehr grünlich aus und nehmen erst im Herbst die rote Farbe an. Auch bei zwei weiteren Spinnmilbenarten auf Obstbäumen, der Weißdornspinnmilbe (*Tetranychus viennensis* Zacher) und der Gelben Apfelspinnmilbe (*Eotetranychus pomi* Sepasgosarian), überwintern die begatteten Weibchen an der Rinde. Die Milben saugen ebenfalls blattunterseits unter deutlichen starken Gespinsten. Schließlich hat neben anderen, örtlich gelegentlich schädlich werdenden Arten die Braune Spinnmilbe (*Bryobia rubrioculus* Scheuten) für den Obstbau Bedeutung. Sie überwintert mit kugeligen roten, aber glatten Eiern an der Rinde und unterscheidet sich von den vorgenannten Arten, die einen rundlichen gewölbten Körper haben, durch ihre nach hinten verbreiterte flache Gestalt und durch ihre blattartigen Haare statt der Rückenborsten wie bei anderen Arten. Die Braune Spinnmilbe gleicht der bekannten Stachelbeermilbe (*Bryobia ribis* Thomas), die auf Stachelbeersträuchern in schattiger Lage erhebliche Saugschäden an den Blättern hervorruft, sie hat aber nicht wie diese nur eine, sondern drei Generationen im Jahre.

Begreiflicherweise bieten ungepflegte Obstanlagen gute Lebensbedingungen für die Gemeine Spinnmilbe bei ihrem umfangreichen Wirtspflanzenbereich, wozu viele im Obstgelände vorkommende Wildpflanzen und Unkräuter gehören, und weiter für solche Spinnmilbenarten, deren Weibchen an der borkigen Rinde, zwischen Moosen der Äste und Stämme der Obstbäume überwintern. Es ist aber zunächst nicht ohne weiteres verständlich, daß sich die eigentliche Obstbaumspinnmilbe gerade in gepflegten Obstanlagen mit regelmäßig durchgeführten Obstbaumspritzungen in letzter Zeit so auffallend ausbreitet und immer schädlicher wird. Der Saugschaden der Spinnmilben äußert sich in Blattverfärbungen, angefangen von hellen Stichstellen über Vergilbungen längs der Blattadern bis zu bräunlichen Flecken und schließlich zur Braunfärbung des ganzen Blattes, wobei jedoch das Schadbild der einzelnen Milbenarten spezifisch ist. Das Spinnmilbenauftreten im Obstbau ist zu einem Spinnmilbenproblem geworden, das die Forschung angeregt und zu interessanten biologischen Ergebnissen geführt hat. Es hat sich gezeigt, daß die durch zweckmäßige Kulturmaßnahmen bewirkte gute Laubentwicklung der Obstbäume verbunden mit der Schorfpilzbekämpfung durch regelmäßige Fungizidspritzungen, für die der auch akarizid wirkende Schwefel zugunsten der modernen organischen Fungizide immer weniger genommen wurde, günstigste Lebens- und Entwicklungsbedingungen für die Obstbaumspinnmilbe schafft und daß die lange üblichen Insektizidbeimischungen aus DDT und Lindan das noch unterstützten, weil diese Insektizide und diejenigen der Winterspritzmittel wohl die Spinnmilbenfeinde, wie Raubmilben (*Typhlodromus*-Arten), räuberische Wanzen (*Anthocoris*-Arten und andere), karnivore Blasenfüßer (*Thrips*-Arten) und winzige Marienkäfer (*Scymnus punctillum* Wse.), vernichten, nicht aber die Spinnmilben angreifen. Hinzu kommt, daß DDT und Carbaryl offenbar auf die Spinnmilbenweibchen einen Anreiz zu beschleunigter Eiablage ausüben. So müssen in gepflegten Obstanlagen die Spinnmilbenpopulationen ständig ansteigen. Erst durch die Verwendung der auch akarizid wirkenden Phosphorinsektizide und durch den Verzicht auf routinemäßige Insektizidspritzungen bei den

Vorblütebehandlungen konnten Bekämpfungserfolge gegen die Obstbaumspinnmilbe erzielt werden, doch macht sich mehr und mehr innerhalb der Milbenpopulationen eine Resistenz gegen Phosphorinsektizide bemerkbar. Die Entwicklung von Spezial-Akariziden aus spezifischen Wirkstoffen wurde so zu einer Notwendigkeit. Die gezielte Anwendung erfolgt im Obstbau auf Grund prognostischer Ermittlungen der Spinnmilbenarten und der Befallsstärken nach verschiedenen Auszähl- und Feststellungsmethoden des Warndienstes (S. 95).

Abb. 11. Walnuß-Filzgallen, Aufwölbungen blattoberseits

In Erdbeeranlagen, vornehmlich im Küstenklima und auf schweren, feuchten Böden, wird die Erdbeermilbe (*Tarsonemus pallidus* Banks) zum schlimmen Schädling. Die polyphage winzige Milbe, wohl aus biologischen Rassen mit unterschiedlichen Wirtspflanzen bestehend, saugt am Grunde der Pflanze. Die Blätter bleiben stecken, kräuseln sich, die ganze Pflanze stockt im Wachstum, sie „verzwergt“ und geht ein. Weichhautmilben (*Tarsonemidae*) haben auch im Zierpflanzenbau Bedeutung (S. 161). Im Obstbau richten Gallmilben (*Tetrapodilia*), mikroskopisch-kleine Milben mit nur zwei Beinpaaren und mit eng geringeltem, lang gestrecktem Körper, Schaden an. Knospengallmilben auf der Schwarzen Johannisbeere (*Eriophyes ribis* Nal.) und auf dem Haselstrauch (*E. avellanae* Nal.) lassen die Winterknospen stark anschwellen und schließlich vertrocknen. Erreger einer Pockenkrankheit der Birnblätter ist die Birnpockenmilbe (*E. piri* Pagst.), rundliche Korkwucherungen an vorjährigen Zweigen bewirkt die Pflaumengallmilbe (*Aceria phloeocoptes* Nal.) und weiße, später bräunliche filzige Flecke auf der Unterseite der Blätter ruft die Walnuß-Filzgallmilbe (*Eriophyes tristriatus erineus* Nal.) hervor. (Abb. 11). Beachtlicher als diese gelegentlich stärker auftretenden Arten ist eine freibewegliche Gallmilbe (*Vasates fockeui* Nal. et Trouessart), die ektoparasitisch auf Apfelbaumblättern lebt, durch ihr Saugen helle Flecke erzeugt und die Triebspitzen verkümmern läßt. Der Schaden kann leicht mit dem durch Spinnmilben verwechselt werden.

In Stämmen, Ästen und Zweigen der Obstgehölze **bohren** Borken- und Splintkäfer (*Ipidae*) und ihre Larven, die Larven von Bockkäfern (*Cerambycidae*) und Splintrüßlern (*Magdalis-Arten*). Die Käfer kommen in der Regel als Sekundärschädlinge bei Obstbäumen vor, die durch ungünstige Standortverhältnisse, durch Frosteinwirkungen oder nach starkem Schädlingsbefall im Wachstum geschwächt sind, und beschleunigen deren Absterben. Es handelt sich durchweg um Arten, die allgemein in Laubhölzern ihre Entwicklung durchmachen, so daß sich diese und die Obstbäume unter Umständen gegenseitig anstecken. Ähnlich liegen die Entwicklungsbedingungen bei den holzbohrenden Schmetterlingsraupen des Weidenbohrers (*Cossus cossus* L.) und des Blausiebs (*Zeuzera pyrina* L.), während die als Schädlinge der Beerensträucher auftretenden Raupen der Glasflügler Johannisbeersträuchern (*Sesia tipuliformis* Cl.) und Himbeersträuchern (*Bembecia hylaeiformis* Lasp.) angepaßt sind. Zu diesem gesellt sich der Apfelbaumglasflügler (*Sesia myopaeformis* Bkh.), der häufiger an kränkelnden Straßenobstbäumen vorkommt und auch andere Obstarten befällt.

Feinkrümeliger, durch feines Gespinst zusammengehaltener Kot gelbgrün bis rötlicher Räupchen, die zwischen Kambium und Borke fressen, verrät beim Steinobst an älteren Bäumen mit Gummifluß den Befall mit dem Rindenwickler (*Laspeyresia woeberiana* Schiff.). Es kommt, auch bei Apfelbäumen, zu Rindenschäden.

Fraßwunden außen an Rinde und Kambium der **Stämme**, besonders der Apfelbäume, können in schneereichen Wintern durch Wildverbiß, vornehmlich von Hasen und Wildkaninchen, hervorgerufen werden. Auch Feldmäuse benagen in „Mäusejahren" den Stammgrund unter dem Schnee, während die Große Wühlmaus das ganze Jahr über die Wurzeln meist junger Bäume angreift.

V. Chemotherapie im Obstbau

Nur durch die Anwendung chemischer Pflanzenschutz- und Schädlingsbekämpfungsmittel ist es im Obstbau möglich, die große Zahl der Krankheitserreger und Schädlinge abzuwehren, die teils mittelbar über beschädigte oder zerstörte Knospen, Blüten, Blätter, Zweige, Äste, Stämme, Wurzeln oder unmittelbar als Fruchtschädiger Ertragsverluste verursachen. Bei der unterschiedlichen Lebensweise der Krankheitserreger und Schädlinge und ihrem zeitlich sehr verschiedenen Auftreten verteilen sich günstigste Anwendungstermine für Fungizide, Insektizide und Akarizide über das ganze Jahr. Diese Pflanzenschutzmittel werden im Obstbau als „Spritzmittel" ausgebracht, da das Spritzverfahren, ungeachtet der aufwendigen Wasseranfuhr und Herrichtung der Spritzbrühen, mit Lösungen, Emulsionen oder Suspensionen die beste Verteilung, Haftfähigkeit und Regenbeständigkeit der Pflanzenschutzmittel im Obstbaumbestand gewährleistet. Allerdings löst zunehmend im modernen Obstanbau das Sprühverfahren (S. 101) das Spritzen ab, auch unter Berücksichtigung des Flugzeugeinsatzes.

Ausgerichtet auf die wirtschaftlich wichtigsten Krankheitserreger und Schädlinge hat der Obstbau eine Spritzfolge entwickelt, die aus zahlreichen für Kernobst, Steinobst und Beerensträucher spezifischen Spritzungen besteht. Entsprechend dem zu erwartenden oder dem tatsächlichen Auftreten der jeweils wichtigen Krankheitserreger und Schädlinge sowie nach dem Witterungsverlauf und den Standortsbedingungen der Obstpflanzungen erfährt diese Spritzfolge in den einzelnen Jahren Veränderungen oder Auslassungen, ohne dabei den Charakter einer routinemäßigen Maßnahme im Rahmen der Kulturarbeiten im Obstbau zu verlieren.

Der Spritzkalender für den Obstbau ist nach dem phänologischen Zustand der Obstgewächse in den einzelnen Jahreszeiten aufgebaut, zu dem die Entwicklung der Krankheitserreger und Schädlinge in gewissen Beziehungen steht, ohne jedoch mit der Entwicklung der Obstgewächse direkt parallelzulaufen. Schon die Tatsache, daß zwischen den Obstsorten im Austrieb, im Blühen und Fruchten ganz erhebliche Unterschiede bestehen und daß die Entwicklung der Krankheitserreger und Schädlinge mehr durch mikroklimatische Einflüsse bestimmt wird, zeigt, daß nach phänologischen Daten der Obstgewächse allein der geeignetste Spritztermin nicht festzulegen ist, sondern daß dieser aus der Beobachtung der Entwicklung des Krankheitserregers oder Schädlings selbst gewonnen werden muß. Der Obstbau ist also im besonderen Maße auf Erkenntnisse und Feststellungen der Prognose angewiesen und braucht die Hilfe eines Warndienstes, der ihm unter Zugrundelegung der örtlichen Gegebenheiten Aussagen darüber macht, ob und zu welchem Zeitpunkt gegen den betreffenden Krankheitserreger oder Schädling gespritzt werden muß. Begreiflicherweise sind solche Angaben und Vorhersagen besonders dann wertvoll, wenn es sich, wie bei den parasitären Pilzen, um Organismen handelt, deren erstes Erscheinen auf den Obstgewächsen vom Praktiker nicht festgestellt werden kann und deren Infektion durch prophylaktische Spritzungen bekämpft werden muß, oder wenn es Schädlinge sind, die man nur zu bestimmter, kurzer Zeit mit Bekämpfungsmitteln erfassen kann, weil ihre Entwicklung im Inneren der Pflanze oder versteckt vor sich geht. Langfristige Prognosen kann man am ehesten für Schädlinge mit mehrjähriger Entwicklungsdauer oder für solche Arten stellen, die zwar unregelmäßig erscheinen, deren Vorbedingungen für einen Massenwechsel aber bekannt sind. Für Pilzkrankheiten sind derartige Prognosen nur selten möglich, da der Ausbruch von Epidemien in der Regel spontan durch verhältnismäßig kurze Einwirkung von Temperatur und Feuchtigkeit auf die überdauerten Entwicklungsstadien der Pilze ausgelöst wird.

Für die Bekämpfung von pilzlichen Erregern ist die rechtzeitige Ermittlung des günstigsten Spritztermins von entscheidender Bedeutung, da nur bei Beachtung dieser Termine die prophylaktische, das Auskeimen der zugewehten Pilzsporen verhindernde Wirksamkeit erreicht wird, sofern nicht kurativ wirkende Systemfungizide eingesetzt werden. Im Obstbau richten sich die fungiziden Spritztermine vornehmlich nach den Sporenflügen aus den im Fallaub überwinterten Perithezien des Apfelschorfpilzes (*Fusicladium*). Diesem Zweck dienen die tägliche Laborprüfung des Ausreifens der Perithezien im Freien aufbewahrter befallener Apfelblätter oder sogenannte Sporenfallen. Das sind automatisch arbeitende Apparaturen, die zur kritischen Zeit die Luft und damit zugleich die in der Luft vorhandenen Sporen über mit Vaseline bestrichenen Objektträgern ansaugen, auf denen die Sporen hängenbleiben. Die Ermittlung des Hauptsporenfluges sagt jedoch noch nichts darüber aus, ob die Sporen auch auf den Blättern auskeimen. Dazu müssen entsprechend warme Temperaturen herrschen und die Blätter nach ausgiebigem Regen oder Tau für mehrere Stunden naß bleiben. Mit Hilfe eines „Blattbefeuchtungsdauerschreibers" lassen sich die entsprechenden Daten registrieren und für Schorfwarnungen auswerten. Im Weinbau arbeitet der Rebschutzdienst seit Jahrzehnten schon mit ähnlichen Methoden an der jährlichen Ermittlung des Erstausbruchs des Falschen Rebenmehltaus

(*Peronospora*) vom befallenen vorjährigen Reblaub aus, um den Winzern die günstigsten Spritztermine bekanntzugeben.

Unerläßlich ist die Bestimmung der Flugzeit und des Verlaufs der Eiablage beim Apfelwickler (*Carpocapsa*), da die „Obstmade" nur solange mit Insektiziden zu erfassen ist, wie sie noch oberflächlich an der Frucht frißt. Die von der Dämmerung an fliegenden Falter könnten durch UV-Lampen angelockt werden. Sie reagieren auf solche Lichtquellen besser als auf die früher gebräuchlichen Lockköder aus Apfelsaft und Zucker. Gut kontrollierbar ist ferner das Erscheinen der Falter im Frühjahr durch Verwendung von Kontrollkästen, in die im Spätsommer „madige" Äpfel gebracht worden sind und in denen die zur Überwinterung versponnenen Raupen unter natürlichen Bedingungen im Obstgelände gehalten werden. Aus dem Falterflug läßt sich das Schlüpfen der Eiräupchen errechnen und der günstigste Spritztermin festlegen. Wo die Möglichkeit besteht, den Schlüpfverlauf der Räupchen durch direkte Beobachtung an abgelegten Eiern zu verfolgen, lassen sich natürlich genauere Werte ermitteln.

Auch gegen den Apfelschalenwickler oder Fruchtwickler (*Adoxophyes*) kann der Warndienst den günstigen Bekämpfungstermin durch Lichtfänge der Falter oder Beobachtung des Schlüpfens der Räupchen aus den Eiern bestimmen.

Auch zur Bekämpfung der Kirschfruchtfliege (*Rhagoletis*) muß der Flugverlauf der Fliegen beobachtet werden. Die bunten Fliegen sind in Befallsgebieten zur kritischen Zeit unschwer auf den Kirschbäumen zu erkennen, man kann aber auch durch Aufhängen von kleinen mit Raupen- oder Fliegenleim bestrichenen Tafeln die besonders bei sonnigem, warmem Wetter beweglichen Fliegen abfangen. Gute Ergebnisse bringt die Beobachtung des Flugverlaufs der Fliegen aus überwinterten Tönnchenpuppen, die man aus madigen Kirschen gewonnen und unter natürlichen Bedingungen in Drahtkäfigen gehalten hat.

Einfach ist die Abklopfmethode zur Ermittlung des Erscheinens von Knospen-, Blüten- oder Fruchtstechern unter den Rüsselkäfern auf Obstbäumen oder Beerensträuchern. Schädlinge, die auf den Obstbäumen selbst überwintern, besonders ihre Wintereier, etwa der Blattläuse, des Apfelblattflohs, von Spinnmilben, des Ringelspinners, des Frostspanners, können auf Fruchtholzproben, die nach einem einheitlichen Schema aus den Kronen geschnitten werden, nach Art und Menge ausgezählt werden. Diese Feststellungen, mehrere Jahre hintereinander durchgeführt, gestatten Rückschlüsse auf den Massenwechsel der Arten, auf die Notwendigkeit besonderer Maßnahmen sowie auf den Bekämpfungserfolg der Spritzungen.

In der *Spritzfolge* bekämpft man diese auf den Obstbäumen oder Beerensträuchern überwinternden Schädlingsarten durch die Winterspritzung, also vom Laubfall an bis zum Knospenschwellen, wobei Gelbspritzmittel (DNOC) zu Ausgang des Winters zur Anwendung gelangen. Eine Spätwinter- oder Vorfrühjahrsspritzung vermag zusätzlich noch auf inzwischen zugewanderte oder zugeflogene Schädlinge wie Apfelblütenstecher wirksam zu werden. Die Bedeutung der Winterspritzung ist für den Intensivobstbau, der regelmäßig alle Spritzungen im Laufe des Vegetationsjahres vornimmt, viel geringer als für den Straßenobstbau sowie für Haus- und Kleingärten. Hier dient sie besonders auch der Beseitigung von Moosen und Flechten auf der Rinde.

Für den Intensivobstbau ist die insektizide Austriebsspritzung, vorzunehmen vom Knospenschwellen an bis zum „Mausohrstadium" der Apfelbäume, besonders wichtig. Mit Beginn dieses Zeitraumes sind Präparate gegen Fraßschäden aller Art, später Parathion-Öle auch gegen saugende Schädlinge und Schildläuse wirksam. Wegen der Empfindlichkeit des Pfirsichlaubes hat diese Spritzung gegen Pilzkrankheiten, Blatt- und Schildläuse am Pfirsich große Bedeutung.

Vorblütespritzungen sind vornehmlich auf die Bekämpfung der Schorfpilze und des Apfelmehltaus ausgerichtet. Wenn die Laubentwicklung bei kühlem Frühjahrswetter langsam vonstatten geht, werden zwei Vorblütespritzungen durchgeführt, und zwar mit Kupfermitteln, falls das *Fusicladium* in erster Linie zu bekämpfen ist, oder mit Netzschwefel, falls es sich um Apfelsorten handelt, die für den Apfelmehltau anfällig sind. Hierbei setzt man der ersten Spritzung gegebenenfalls ein Phosphorinsektizid gegen saugende und fressende Schädlinge zu, wenn eine Austriebsspritzung unterblieben ist. Bei der zweiten Vorblütespritzung dicht vor der Blüte der Obstbäume wird wegen der Bienen der Insektizidzusatz weggelassen. Zur Vorblütespritzung eignen sich ferner auch bestimmte organische Systemfungizide, die kurativ wirksam sind. Das laubempfindliche Steinobst wird zu diesem Termin nicht mehr behandelt.

Hat sich das Ausschleudern der Schlauchsporen aus den *Fusicladium*-Perithezien im Fallaub witterungsbedingt verzögert und ist mit der Hauptinfektion der Apfel- und Birnbäume erst während der Blüte zu rechnen, werden ein oder zwei Blütespritzungen mit Schwefelmitteln oder organischen Fungiziden erforderlich, natürlich mit Rücksicht auf die blütenbesuchenden Honigbienen ohne jeden Zusatz eines Insektizids. Bei Apfelbäumen, die erfahrungsgemäß vom Apfelmehltau befallen werden, gibt man bei schwefelverträglichen Sorten dem Schwefel den Vorzug. Für Birnbäume werden organische Fungizide empfohlen.

Die zur Bekämpfung der Schorfpilze beim Kernobst unerläßlichen Nachblütespritzungen werden, gleich nach dem Abfall der Blütenblätter beginnend, in Abständen von 10–14 Tagen zwei- bis dreimal mit organischen Fungiziden oder mit Schwefel durchgeführt, falls die zu behandelnden Apfel- und Birnensorten Schwefel noch vertragen. Fressende und saugende Insekten erfordern Insektizidspritzungen, wobei man Phosphor- oder Systeminsektizide im Hinblick auf die Bekämpfung der Obstbaumspinnmilben bevorzugt, falls man gegen diese bei einem starken Auftreten nicht mit Spezialakariziden vorgeht. Gleich nach dem Abfallen der Blütenblätter erweist sich bei Apfel, Birne, Pflaume und Zwetsche eine Spritzung gegen die Sägewespen als notwendig.

Zu den Spezialspritzungen im Rahmen der Spritzfolge, deren Termine auf Grund von Warndienstbeobachtungen festzulegen sind, gehören beim Kernobst die Obstmadenspritzungen, etwa sechs Wochen nach der Apfelblüte und drei Wochen danach wiederholt mit Phosphorinsektiziden oder mit Carbaryl, weiterhin die Spätschorfspritzung mit einem organischen Fungizid, gegebenenfalls gegen die zweite Generation des Apfelwicklers mit einem Phosphorinsektizid kombiniert, sowie die Lagerschorfspritzung bei schorfanfälligen Winterapfelsorten mit einem organischen Fungizid. Beim Steinobst sind wichtig die Kirschfruchtfliegenspritzung für mittelspäte bis späte Süßkirschensorten mit zugelassenen chlorierten Kohlenwasserstoffen oder Phosphorinsektiziden, in bestimmten Lagen die Pflaumenmadenspritzung, etwa drei Wochen vor der Ernte gegen die Raupen des Pflaumenwicklers mit Phosphorinsektiziden, ferner bei Süßkirschen, Pflaumen und Zwetschen sowie beim Pfirsich eine Spritzung zu Beginn des Laubfalls mit Kupfermitteln gegen Schrotschuß- und Kräuselkrankheit sowie auch gegen andere Pilzkrankheiten, die in der Vegetationszeit wegen der Gefahr phytotoxischer Einwirkungen der Fungizide nicht bekämpft werden können. Bei Johannis- und Stachelbeeren schließlich sind Spritzungen nach der Ernte mit Kupfer oder Thiocarbamaten gegen die Blattfallkrankheit erforderlich.

Die geschilderte Spritzfolge stellt für den Obstbau keinen schematisch einzuhaltenden Spritzkalender dar, sondern sie soll Hinweise und Richtlinien geben, aus denen das für die jeweilige Ostanlage Brauchbare und Notwendige auszuwählen ist. Das muß nicht nur aus wirtschaftlichen Gründen geschehen, denn jede Spritzung kostet Geld, sondern dafür sprechen auch andere Überlegungen. Der Erfolg einer Spritzung hängt naturgemäß von der richtigen Auswahl des Pflanzenschutzmittels und von der sachgemäßen technischen Ausbringung entscheidend ab. Daß auch die termingerechte Anwendung maßgeblich ist, erhellt aus den Erkenntnissen über Prognose und Warndienst. Starke Beachtung verdienen zudem die **Nebenwirkungen der chemischen Pflanzenschutzmittel** auf die Kulturpflanzen selbst und auf die Umwelt: die unterschiedliche Verträglichkeit der Obstsorten für die chemischen Wirkstoffe und die sich daraus ergebende Gefahr phytotoxischer Einwirkungen, die Eingriffe der Wirkstoffe in die Biozönosen aus nützlichen und indifferenten Arten und als Folge davon die Begünstigung bestimmter Obstschädlinge in ihrer Gradation, die Herausbildung resistenter Stämme innerhalb von Schädlingspopulationen. Durchaus notwendig ist ein nach den Gegebenheiten in der Obstanlage modifizierter Spritzplan, der selektiv wirksame und die jeweils zu bekämpfenden Schädlinge am besten angreifende Mittel enthält, der auch Kombinationspräparate aus Fungizid und Insektizid nur dann einsetzt, wenn der gleichzeitige Erfolg gegen Pilz und Schädling gegeben ist, und der durch entsprechende Wirkstoffauswahl und termingerechte Anwendung die Nützlinge als Schädlingsfeinde schont. Ein solcher modifizierter Spritzplan muß ferner im Hinblick auf die Toxizität der Wirkstoffe und der aus ihnen hergestellten Präparate berücksichtigen, welche Unter- oder Zwischenkulturen und zu welchem Verwendungszweck diese in der Obstanlage angebaut sind. Er hat darauf zu achten, daß entsprechend der Reife der verschiedenen Obstsorten die letzten Spritzungen vor der Ernte so ausgerichtet werden, daß auf jeden Fall die aus hygienischen Gründen zu fordernden Karenzzeiten (Wartezeiten) eingehalten werden, damit Pflanzenschutzmittelrückstände am Erntegut vermieden werden. Je nach der Giftigkeit und Stabilität der Wirkstoffe sind diese, also die Zeitspannen vor der Ernte, in denen Spritzungen nicht mehr erfolgen dürfen, verschieden: für die organischen Fungizide (Thiocarbamate, Captan) 7 Tage, für insektizide Carbamate 7 Tage, für Phosphorinsektizide je nach Wirkstoff 4—21 Tage, für chlorierte Kohlenwasserstoffe 30 Tage.

Die **Anwendungstechnik** in der Ausbringung der chemischen Pflanzenschutzmittel ist natürlich auch im Obstbau weitgehend mitbestimmend für die Wirksamkeit einer Bekämpfung. Im Obstbau wird bei uns nach wie vor dem Spritzverfahren der Vorzug gegeben, obwohl 3000 bis 4000 l/ha Spritzbrühe aufgewendet werden müssen. Die Handspritzung, zwar zeitaufwendig und arbeitskräfteerfordernd, gestattet die sorgfältige Einzelbaumbehandlung, was in Haus- und Kleingärten vorteilhaft und auch im Straßenobstbau mit Hochstrahlrohren notwendig ist. In der Regel sind aber hierbei die Spritzbrüheverluste durch Abdrift und Abtropfen recht hoch. Die Rücken- und Karrenspritzen mit Handbetrieb und mit ihrem auch unzulänglichen, schwankenden Spritzdruck werden nur noch im Kleinbetrieb eingesetzt, sonst verwendet man Motorspritzen mit Zug- oder Handschub oder selbstfahrbare. In großen, geschlossenen Obstanlagen mit einheitlichem Obstbaumbestand in entsprechender Pflanzung empfiehlt sich die automatische Spritzung durch Großgeräte mit Strahlrohrrahmen, die mit Zapfwellenantrieb vom Traktor aus betrieben werden. Eine solche Spritzung erzielt eine Laubmassenbehandlung, hat geringe Abtropfverluste, höchste Arbeitsproduktivität und gestattet die beste Ausnutzung günstigen Wetters und sogar die Nachtarbeit.

Im Sprühverfahren mit seiner bedeutend geringeren Aufwandmenge von nur 600 l/ha und weniger erfährt die automatische Ausbringung ihre höchste Leistungsfähigkeit und Wirtschaftlichkeit. Allerdings erfordert das Verfahren höhere Spritzbrühekonzentrationen entsprechend der geringeren Brüheaufwandmenge. Diese sind bei fungiziden Suspensionen nur dann möglich, wenn das Präparat eine sehr gute Schwebefähigkeit besitzt und wenn das Präparat keine Trägerstoffe enthält, die

die Düsen verstopfen und diese, die Ventile und andere durch den sehr hohen Spritzdruck besonders beanspruchte Geräteteile durch Verschleiß in kurzer Zeit unbrauchbar machen. Bei Insektiziden ist die Verwendung von Lösungen und Emulsionen eher möglich. Daß für das Sprühen mit Großgeräten Traktoren mit hoher Leistung gebraucht werden, ist verständlich. Unter bestimmten Voraussetzungen läßt sich schließlich auch das Sprühen vom Flugzeug aus mit seiner erheblich verminderten Brüheaufwandmenge besonders gegen Schädlinge im Obstbau einsetzen.

Das mechanische Nebelverfahren, als Kaltnebel mit reinen insektiziden Wirkstoffen in organischen Lösungsmitteln oder mit Emulsionen, findet im Obstbau im hängigen, schwer zugänglichen Gelände seine Anwendungsmöglichkeit und hat in Einzelfällen, etwa zur Kirschfruchtfliegenbekämpfung, seine wirtschaftliche Bedeutung erwiesen. Das bisherige Fehlen fungizider Nebelmittel engt die Verwendbarkeit des Verfahrens beträchtlich ein.

C. Pflanzenschutz im Gemüsebau

Zahlreiche krautige Gewächse aus verschiedenen Pflanzenfamilien und unterschiedlicher Herkunft werden im Gemüsebau kultiviert. Nach der Nutzung der Gemüsepflanzen wird zwischen Blatt-, Stiel-, Wurzel-, Kohl-, Zwiebel- und Fruchtgemüse unterschieden. Der Anbau der Gemüsepflanzen erfolgt nach landwirtschaftlichen Kulturverfahren im Feldgemüsebau in industriemäßiger Produktion, nach gärtnerischen Kulturverfahren in Gemüsegärten oder in Haus- und Kleingärten sowie im Treibgemüsebau im Frühbeet, unter Folienbedeckung oder in Gewächshäusern. In den verschiedenen Anbauformen in regelmäßigem Fruchtwechsel oder in eng gestellter Fruchtfolge sind die Gemüsepflanzen durch Krankheitserreger und Schädlinge verschiedenster Art bedroht.

Im Intensivanbau nach gärtnerischen Kulturverfahren kommt es häufig zu einer Verseuchung des Bodens durch Krankheitserreger und Schädlinge. Im Treibgemüsebau mit seinen auch für parasitische und fakultativ parasitische Pilze sowie für Schädlinge optimalen Bedingungen, besonders auch für die aus wärmeren Ländern stammenden Schädlinge, wird sehr leicht der ganze Kulturraum verseucht.

Unter den örtlichen Voraussetzungen für einen ertragreichen Gemüsebau spielen Feuchtigkeit und Temperatur eine entscheidende Rolle. Der Gemüseanbauer hat es jedoch oft in der Hand, das Standortsklima durch Windschutzmaßnahmen, durch Beregnen, durch Frostschutzvorrichtungen zu verbessern und durch entsprechende Bodenbearbeitung und Düngung die Voraussetzungen für höchste Ertragsleistungen zu schaffen. Dabei kommt es bei den Gemüsepflanzen auch zu einer Überdüngung mit Mineraldüngern und „Übersalzungsschäden“, bei äußerster Anbauverfrühung zu Kälte- oder gar Frostschäden, bei einseitiger Bodennutzung zu „Fruchtfolgekrankheiten“. Eine kritische Zeit bedeuten die lichtarmen und häufigen Temperaturschwankungen ausgesetzten Monate für die Anzuchten der Gemüsepflanzen, weil die für sie ungünstigen Wachstumsbedingungen dem Auftreten und der Ausbreitung parasitischer Pilze förderlich sind und gleichzeitig die jungen Pflanzen für eine Infektion anfällig machen.

Die Sortenwahl trifft der Gemüseanbauer in der Regel nach wirtschaftlichen und anbautechnischen Gesichtspunkten. Dabei ist die Fähigkeit einer Sorte, vermöge ihrer Schnellwüchsigkeit über das für einen Befall kritische Entwicklungsstadium rasch hinauszuwachsen, nicht selten eine zusätzliche befallshemmende Eigenschaft. Es gibt aber bei manchen Sorten, etwa der Buschbohne oder der Gurke, auch eine echte Resistenz gegen bestimmte Bakterien- oder Pilzkrankheiten.

Bei Anwendung chemischer Pflanzenschutzmittel ist im Gemüsebau besondere Vorsicht geboten. Das gilt für die Bestandsbehandlungen, beim Wurzelgemüse für die chemische Bodenentseuchung oder Bodenbehandlung. Zu vermeiden sind durch Einhalten der entsprechenden Warte- oder Karenzzeiten Pflanzenschutzmittelrückstände auf und in den Pflanzenteilen, die zum Verzehr gelangen, weil sonst die gut haftfähigen und beständigen Wirk- und Beistoffe der Präparate aus der organischen Chemie nicht nur Geschmack und Aroma des Erntegutes, seine Haltbarkeit im Lager und als Konserve ungünstig beeinflussen können, sondern weil auch durch ihre Giftigkeit der Verbraucher direkt gefährdet ist. Die Forderung nach einer vorsichtigen Therapie im Gemüsebau dahingehend, daß bei Anwendung chemischer Mittel der Behandlung der jungen Pflanzen möglichst weit ab vom Erntebeginn der Vorzug zu geben ist, läßt sich häufig verwirklichen, weil zahlreiche der gefährlichsten Infektionskrankheiten und Schädlinge während der Anzucht oder bei den heranwachsenden jungen Pflanzen mit Erfolg bekämpft werden können. Besondere Bedeutung kommt dabei im Gemüsebau dem regelmäßigen Entseuchen oder Erneuern der Anzucht- und Kulturerden zu. Wichtig ist auch die Vernichtung der Unkrautpflanzen als Nahrungs- und Standortkonkurrenten der Gemüsepflanzen oder als Sommer- und Winterwirtspflanzen für Viren.

I. Viruskrankheiten der Gemüsepflanzen

Alle Gemüsepflanzenarten können an Virosen erkranken. Gegenseitige Ansteckungen von landwirtschaftlichen Kulturpflanzen und denen des Gemüsebaus der gleichen Pflanzenfamilie sind immer möglich. Das trifft zum Beispiel zu für Tomate und Kartoffel, Gemüsehülsenfrüchte und Kleearten sowie Lupinen, Kohlarten und Raps sowie Rübsen, Spinat und *Beta*-Rüben. Die Gemüsepflanzen sind aber nicht nur von Viren der eigenen Pflanzenfamilie bedroht, es gibt auch Infektionen durch Viren, die an

Pflanzen anderer Pflanzenfamilien verbreitet sind. So sind Tomate, Rhabarber, Gurke, Bohnen unter bestimmten Bedingungen Wirtspflanzen des Tabakmosaikvirus. Das Gurkenmosaikvirus ist weit verbreitet auf verschiedenen Gemüsepflanzen, landwirtschaftlichen Kulturpflanzen und Zierpflanzen im Gegensatz zum Grünscheckungsmosaikvirus, das speziell auf *Cucurbitaceen* stark auftritt. Das Gurkenmosaikvirus ist hochinfektiös und wird nicht nur leicht mechanisch, sondern auch durch zahlreiche Blattlausarten übertragen. Von solchen Viren mit großem Wirtspflanzenbereich sind verschieden virulente Stämme mit ungleichen Befallssymptomen und unterschiedlichem Wirtspflanzenkreis nachgewiesen. Für den Gemüsebau ist die Tatsache wichtig, daß Unkrautpflanzen und mehrjährige Blütenstauden Wirtspflanzen oder Virusreservoire oder Winterwirte derselben Viren sein können, die auch die Gemüsepflanzen bedrohen, etwa die Schwarzringfleckigkeit des Kohls das Gurkenmosaik, das Salatmosaik. Virusreservoire können auch Samenträgerpflanzen von Kohl, Küchenzwiebel, Salat sein. Von ihnen aus ist eine Übertragung auf die Gemüsekulturen durch Vektoren sehr leicht möglich. Für den Gemüsebau kann eine Virusverbreitung bei vegetativer Vermehrung der Gemüsepflanzen, auch mit Steckzwiebeln für das Gelbstreifigkeitsvirus, bedeutungsvoll sein. Samenübertragbarkeit besteht bei Mosaikviren der Gemüsehülsenfrüchte, beim Gurken- und Salatmosaik, ferner beim Tomatenmosaik und Grünscheckungsmosaik der Gurke, wenn Reste viruskranker Früchte den Samen äußerlich anhaften. Eine Infektion von Pflanzenrückständen aus, ist beim Tabakmosaikvirus oder über den Boden durch freilebende Nematoden beim *Arabis*-Mosaikvirus des Rhabarbers gegeben.

Die Ausbreitung der Viren im Gemüsepflanzenbestand und über diesen hinaus auch in anderen Kulturen geschieht bei bestimmten Viren durch saugende Insekten. Von diesen sind Blattläuse die wichtigsten *Vektoren*, unter ihnen die Grüne Pfirsichblattlaus (*Myzus persicae* Sulz.), die Schwarze Bohnenlaus (*Aphis fabae* Scop.), die Gurkenlaus (*A. gossypii* Glov.), die im Freien und im Gewächshaus auftritt, sowie zahlreiche andere Arten von allgemeiner Verbreitung im Freiland und häufigem Vorkommen in Treibhäusern. Bei der Tomate

Abb. 12. Viruskranke Tomatenpflanze

haben ferner Blasenfüßer als Vektoren der Bronzefleckenkrankheit und Zikaden als Vektoren der Stolburkrankheit im Ausland Bedeutung. Die Kräuselkrankheit des Spinats wird wie die mit ihr identische Kräuselkrankheit der *Beta*-Rüben durch die Rübenblattwanze (*Piesma quadrata* Fieb.) übertragen. Für die Verbreitung bodenübertragbarer Viren spielen bestimmte freilebende parasitische Nematoden (*Longidorus*, *Trichodorus*, *Xiphinema*) eine Rolle. Für die Breitadrigkeit des Salats ist ein Pilz (*Olpidium*) nachgewiesen.

II. Bakterielle und pilzliche Krankheiten im Gemüsebau

Zahlenmäßig machen die **Bakteriosen** in unserem Gemüsebau nur einen verhältnismäßig kleinen Anteil unter den parasitären Erkrankungen aus, doch können sie unter zusagenden Entwicklungs- und Umweltbedingungen für die Krankheitserreger örtlich, besonders im Lager, recht empfindliche Verluste hervorrufen. Die Krankheitserscheinungen stellen sich vornehmlich als Fleckenbildungen und Verfärbungen mit nachfolgender Fäulnis an Blättern, Stengeln und Früchten, wobei Tröpfchen von Bakterienschleim oft diagnostische Kennzeichen sind, als Welken der gesamten Pflanze oder ihrer Teile (Gefäßbakteriosen), als Fäulen der unterirdischen Organe oder als Tumore an ihnen dar.

In letzter Zeit hat bei den Freilandgurken die Eckige Blattfleckenkrankheit (*Pseudomonas lachrymans* Sm. et Br.) Bedeutung erlangt. Bei ihr entstehen anfangs durchscheinende, später braune, trocken werdende und dann ausfallende eckige Blattflecke, so daß die kranken Blätter durchlöchert sind. Bei feuchtem Wetter entstehen auf der Unterseite der Flecken Tröpfchen aus Bakterienschleim, von denen aus sich Sekundärinfektionen an Blattstielen, Stengeln und Früchten verbreiten. — Gefürchtet sind die bakteriellen Fäulen des Kopfsalats (*Pseudomonas endiviae* Kotte, *P. intybi* [Swingle] Stapp, *P. marginalis* [Brown] Stevens), die von nekrotischen Blattflecken ausgehen, bei entsprechender Feuchtigkeit, besonders beim Treibsalat in Gewächshäusern, die ganze Pflanze zu einem Brei verfaulen lassen und alsbald auf die Nachbarpflanzen übergreifen, wenn der Befallsherd nicht durch rechtzeitiges Entfernen der kranken Pflanzen getilgt worden ist. — Bei Buschbohnen tritt die Fettfleckenkrankheit (*Pseudomonas phaseolicola* Burkh.) in feuchten Sommern auf, zuerst in Form gelblicher, papierartig durchscheinender Blattflecke, dann als wäßrige oder fettige Flecke auf den Bohnenhülsen und schließlich als bräunliche etwas eingesunkene Stellen auf den Samen. Die Züchtung hat Bohnensorten herausgebracht, die, allerdings nicht völlig, widerstandsfähig gegen diese Krankheit sind.

Gefäßbakteriosen sind die Schwarzadrigkeit oder Adernschwärze des Kohls (*Xanthomonas campestris* [Pammel] Dows.) und die Bakterielle Tomatenwelke (*Corynebacterium michiganense* E. F. Sm.). Bei der erstgenannten finden sich die Bakterien in den braun bis schwarz werdenden Gefäßen der Blätter und Blattstiele massenhaft. Es treten dann eine braune oder schwarze Trockenfäule der Blätter, bei schwerer Erkrankung ein Abfallen der Blätter ein, die Kopfbildung ist kümmerlich oder unterbleibt ganz. In feuchtwarmen Jahren kann die Bakteriose große Ausfälle in Feldbeständen von Weißkohl und anderen Kohlarten bewirken. Günstige Bedingungen findet die Bakterielle Tomatenwelke in den Kulturen der Gewächshaustomate. Die Übertragung geschieht hauptsächlich beim Ausgeizen der Pflanzen. Durch die Blattstiele dringen die Bakterien in die Seitentriebe und in den Stamm, durch die Fruchtstiele in die Früchte ein und infizieren die Samen. Das Abwelken der Tomatenpflanzen geht nach entsprechender Inkubationszeit meist schlagartig vor sich. — Eine bakterielle Weichfäule der Möhren und anderer Rüben (*Erwinia carotovora* [Jones] Holland) kommt als Lagerfäule bei zu warmer und feuchter Einlagerung vor. Der Spaltpilz tritt aber auch im Freiland gelegentlich parasitisch auf, zum Beispiel als Erreger einer Weichfäule am Kohl oder an Kohlrüben, besonders wenn diese Fraßschäden durch Maden der Kohlfliege (S. 123) erlitten haben. — Eine Tumorenbildung durch das Bakterium (*Agrobacterium tumefaciens* [Sm. et Towns.] Conn.) des Wurzelkropfes der Obstbäume (S. 55) kann an Meerrettich in verseuchtem Boden eintreten.

In Pflanzenrückständen, im Boden und am Saatgut können die Bakterien überdauern. Dem Fruchtwechsel, der Vernichtung befallener Pflanzenrückstände, der Bodenentseuchung in Gewächshäusern sowie der Vermeidung der Saatgutgewinnung aus kranken Beständen und gegebenenfalls der Saatgutbeizung mit Quecksilberbeizmitteln oder organischen Fungiziden oder der Behandlung durch trockene Wärme oder in chemisch-thermischem Verfahren kommt zur Bekämpfung der Bakteriosen Bedeutung zu. Antibiotika bieten sich auch im Pflanzenschutz als thera-

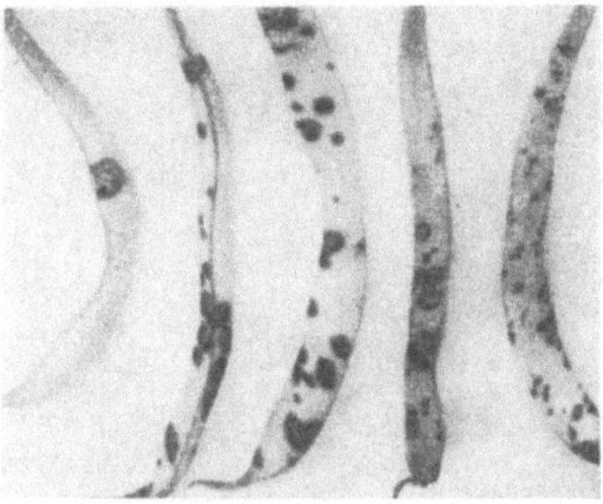

Abb. 13. Brennfleckenkranke Bohnenhülsen

peutische Mittel an, besonders als Saatbeizmittel, da eine Übertragung mit den Samen vor sich geht, doch ist die Antibiotika-Anwendung bisher nicht praxisreif. Die Samenübertragbarkeit bedeutet natürlich auch, daß bereits die Keim- und Jungpflanzen erkranken können. Begreiflicherweise ist diese Gefahr bei Saatgutherkünften aus Trockengebieten geringer.

Die durch parasitische Pilze verursachten **Mykosen** der Kulturpflanzen des Gemüsebaues treten als mehr oder weniger deutliche und begrenzte Fleckungen oder als Verfärbungen auf, die zum Eintrocknen und Verkorken oder Herausfallen der befallenen Gewebepartien oder zu um sich greifender Fäulnis führen. Oder sie zeigen sich als Welke- und Fußkrankheiten mit unterschiedlichem Symptom. Dabei sind im Gemüsebau die durch Pilze hervorgerufenen Anzuchtkrankheiten besonders beachtlich. Auch die pilzlichen Lagerfäulen bei der Gemüseeinlagerung kann man nicht übersehen.

Unter **Fleckenpilzbefall** haben in feuchten Sommern die Hülsenfrüchte oft besonders schwer zu leiden. Sie bekommen die Brennfleckenkrankheit, die durch

Abb. 14. Blattfleckenpilz *(Ascochyta fabae)*

scharf begrenzte gelbliche oder bräunliche Flecke auf Blättern, Stengeln und Hülsen von Erbsen und Bohnen gekennzeichnet ist (Abb. 13). Da die pilzlichen Erreger samenübertragbar sind, erkranken oft schon die Keimpflanzen. Die Brennfleckenpilze der Erbse (*Ascochyta pisi* Lib., *A. pinodella* Jones (= *Phoma medicaginis* var. *pinodella* Boer.), *Mycosphaerella pinodes* Berk. et Blox.) zeigen für jede Pilzart typische Fleckenbildungen. Bei witterungsbedingt günstiger Entwicklung können einige der Pilze zu Welke- und Fußkrankheiten führen, die die angegriffene Pflanze völlig vernichten. Die Brennfleckenpilze der Acker- oder Puffbohne (*Ascochyta fabae* Speg.) (Abb. 14) und der Busch- und Stangenbohnen (*Colletotrichum lindemuthianum* Sacc. et Magn.) (Abb. 13) breiten sich bei anhaltend feuchtem Wetter, in dem die dichten Pflanzenbestände und der Boden schwer abtrocknen, sehr schnell aus und bringen für die Grünpflücke der Buschbohnen erhebliche Verluste oder lassen die Ackerbohnenbestände zusammenbrechen. Saatgutbeizung mit organischen Fungiziden (Zineb, Captan) bleibt ungenügend wirksam, wenn die Brennfleckenpilze tief in den Samen eingedrungen sind. Ein Saatgutwechsel mit Herkünften aus einem Trockengebiet ist daher stets empfehlenswert. Die Erbsen- und Bohnensorten sind verschieden anfällig gegen die Brennfleckenpilze.

Blattfleckenkrankheiten mit trockenen, gut begrenzten braunen Flecken, die sich bei genügender Feuchtigkeit allmählich vergrößern und auch zusammenfließen können, ohne in der Regel zu einer Fäulnis zu führen, haben beim Sellerie (*Septoria apii* [Br. et Cav.] Chest), bei der Petersilie (*S. petroselini* Desm.), bei der Tomate (*S. lycopersici* Speg.), beim Kopfsalat (*S. lactucae* Pers.), bei Mangold und Roter Rübe (*Cercospora beticola* Sacc.) Bedeutung. Auch diese Pilze sind samenübertragbar. Im Gurkenanbau sind neben der bereits genannten bakteriellen Blattfleckenkrankheit solche pilzlichen Ursprungs sehr beachtlich. Eine sogenannte Anthraknose (*Colletotrichum orbiculare* Berk. et Mont. = *C. lagenarium* Ell. et Halst.) gefährdet bei entsprechender Wärme — das Entwicklungsoptimum liegt bei 25 °C — und bei hoher Luftfeuchtigkeit die Freilandgurken, sonst naturgemäß die Treibgurken. Der samenübertragbare Pilz befällt von den infizierten Blättern aus die Stengel und Früchte, an denen tief ins Pflanzengewebe reichende wäßrige Flecke entstehen. Die Tatsache, daß der Pilz auch in befallenen Pflanzenrückständen überdauert, gibt Hinweise. Noch höhere Ansprüche an die Temperatur mit einem Entwicklungsoptimum von 30 °C stellt der Erreger des Blattbrandes der Gurke (*Corynespora melonis* [Cooke] Lindau), der besonders in der lichtarmen Zeit bei der *Treiberei* verderblich werden kann, zumal wenn die Tages- und Nachttemperaturen im Gurkenhaus stark wechseln. Dieser Pilz leitet mit seinen graugrünen, durch die Blattadern begrenzten, aber mit einem vergilbenden Hof umgebenen unscharfen Fleckenbildungen zu der nachfolgenden Gruppe Blattflecke erregender Pilze über, bei denen verschwommene Fleckungen mit mehr oder minder dichtem Überzug oder Belag des Myzels charakteristisch sind.

Die Erreger von Schwärzekrankheiten der Möhre (*Alternaria porri* [Ell.] Saw. f. sp. *dauci* [Kühn] Neerg; *Stemphylium radicinum* [M., Dr. et E.] Neerg.), des Kohls (*A. brassicicola* [Schw.] Wiltske, *A. brassicae* [Berk.] Sacc.), der Tomate (*A. solani* J. et Gr.), des Lauchs (*A. porri* [Ell.] Neerg.) rufen mehr oder minder deutliche Flecke hervor, sind aber vor allem gekennzeichnet durch ihr schwärzliches Myzel. Entwicklung und Ausbreitung der Schwärzepilze hängen in besonderem Maße von der Disposition der Kulturpflanze ab. Durch ungünstige Witterung, nicht zusagenden Standort, falsche Kulturmaßnahmen, durch Parasitenbefall geschwächte oder verletzte Pflanzen erleiden am ehesten einen starken Befall, so daß man zuweilen schwer erkennen kann, ob die betreffende Schwärzepilzart als echter oder als fakultativer Parasit anzusprechen ist. Ähnlich ist die Situation beim Grauschimmelpilz (*Botrytis cinerea* Pers.), der lockere, mausgraue Schimmelrasen bildet. Von ihm wissen wir, daß er sich besonders auf absterbenden Pflanzenteilen ansiedelt. Er spielt in den Gewächshäusern, als Lagerfäuleerreger und im Zierpflanzenbau (S. 151) eine große Rolle, aber auch im Gemüsebau kann er recht unerwünscht werden. Bei feuchtkühler Witterung siedelt er sich auf den schwer reifenden Hülsen der Buschbohnen an, befällt die im Wachstum gehemmten Gurkenpflanzen, besonders die dem feuchten Boden aufliegenden Früchte, führt zur Fäulnis zu dicht stehenden und zu feucht gehaltenen Treibsalates und verhindert den Samenansatz an Samenträgerpflanzen von Salat und Kohl, läßt Spargelpflanzen vorzeitig vergilben und absterben und verursacht die sogenannte Halsfäule (*B. allii*) eingelagerter Zwiebeln. Der Grauschimmelpilz ist als Erreger der lange geheimnisvoll gewesenen „Geisterflecke“ auf grünen

Tomatenfrüchten erkannt, kreisrunder heller, weißlich umrandeter Flecke mit dunklem Punkt in der Mitte Diese entstehen, wenn der Pilz nach der Infektion schroffen Temperaturwechseln innerhalb einer Skala hoher Temperaturgrade ausgesetzt ist und dadurch die sonst für ihn typischen grauen Pilzrasen nicht heranwachsen können. Der helle Hof der Geisterflecke um die zentrale nekrotische Infektionsstelle bildet sich durch das Eindringen von Luft zwischen Epidermis und Collenchym. Ein dem gewöhnlichen Grauschimmelpilz verwandter Pilz (*Botrytis fabae* Sard.) ist im luftfeuchten Küstenklima in dichten, schwer abtrocknenden Beständen der Ackerbohnen ein Erreger von „Schokoladenflecken" der Blätter, die dann abtrocknen und abfallen.

Ein Beispiel für besonders empfindlich auf Temperatur und Luftfeuchtigkeit reagierende pflanzenpathogene Pilze sind die *Cladosporium*-Arten, die dichte fleckige Pilzrasen auf Gemüsepflanzen ausbilden. Als Erreger der Gurkenkrätze ruft ein Pilz (*Cladosporium cucumerinum* Ell. et Arth.) eingesunkene Flecke mit dichtem grünschwarzen Pilzrasen hervor und verursacht, daß helle Wundgummitropfen aus solchen Befallsstellen herausdringen. Bei der Kultur von Tomaten unter Glas zeigen sich im Falle der Braun- oder Samtfleckenkrankheit (*Cladosporium fulvum* Cooke) blattunterseits olivgrüne bis zimtbraune samtartige Pilzrasen, wodurch sich die Blätter einrollen, braun werden und vertrocknen. Beide Pilze werden den Kulturen im Gewächs- und Folienhaus dann gefährlich, wenn sie nicht warm genug gehalten werden, besonders auch wenn die Temperatur während der Nacht zu stark absinkt, so daß sich durch Kondenswasserbildung Feuchtigkeit auf die Pflanzen niederschlägt. Richtiges Beheizen und Belüften des Gewächshauses können den Pilzbefall unterdrücken oder vermeiden.

Die **Rostpilze** (*Uredinales*) erzeugen helle Fleckenbildung in pustel- oder streifenförmigen Lagern, die die Oberhaut des befallenen Pflanzenteils durchbrechen und leicht abwischbare und abstäubende rostfarbene oder dunkle Sporenmassen entstehen lassen. Ausgebreitet wird der Pilz während der Vegetationszeit durch die rundlichen, einzelligen, hellgefärbten Uredosporen; mit den dunklen, ein- bis zweizelligen Teleutosporen überwintert der Pilz. Diese schnüren im Frühjahr an einem Promyzel Basidiosporen (Sporidien) ab, die mit einem Keimschlauch in die Pflanze eindringen und Myzel bilden, das entweder in einer Nebenfruchtform Spermogonien oder die Aecidien bildet. Aus diesen entstehen dann die Uredolager oder auch bei manchen Rostarten gleich Teleutolager. Bei den nichtwirtswechselnden Rostpilzen, die im Gemüsebau nur auf Stangenbohnen (*Uromyces phaseoli* [Pers.] Wint.), Puffbohnen (*U. fabae* [Pers.] de By.). Schwarzwurzel (*Puccinia scorzonerae* [Schum.] Jacky), auf Sellerie (*P. apii* [Desm.] und Spargel (*P. asparagi* DC.) vorkommen, vollzieht sich der gesamte Entwicklungsgang auf den genannten Pflanzenarten. Bei den wirtswechselnden Arten erstreckt sich die Infektion von der überwinterten Teleutospore aus auf die Zwischenwirtspflanzen, wie Zypressenwolfsmilch für den Erbsenrost (*Uromyces pisi* Pers.). Riedgräser für den Salatrost (*Puccinia opizii* Bub.) und Schilfrohr für den Rhabarber (*P. phragmitis* Körn.). Im allgemeinen haben die Rostpilze im Gemüsebau, ausgenommen der Spargelrostpilz, mehr örtliche Bedeutung, im Gegensatz zum Zierpflanzenbau (S. 155). Züchtung und Anbau widerstandsfähiger Sorten, durch Biotypenbildungen der Rostpilze erschwert, sind entscheidende pflanzenhygienischen Maßnahmen. Thiocarbamate (Zineb, Maneb), auch Oxathiine, haben sich als Fungizide, zum Beispiel gegenden Spargelrost, bewährt.

Ein **Brandpilz**, der Zwiebelbrand (*Tuburcinia cepulae* [Frost] Liro), wird im Gemüsebau schädlich. Der Pilz infiziert nur die jungen Zwiebelpflanzen vom verseuchten Boden her, in dem er jahrelang auch saprophytisch lebensfähig bleibt und seine Sporen die Keimfähigkeit behalten, und verursacht an ihnen beulige Auftreibungen der

Blätter und bleigraue Verfärbungen, woran die Pflänzchen zugrunde gehen.

Als Erreger unregelmäßiger, undeutlich umgrenzter Flecke, die auf Blättern und Früchten zu Fäulniskrankheiten führen, nachdem von der Infektionsstelle aus weiße, graue oder violette, schüttere Pilzrasen aufgetreten sind, haben im Gemüsebau die **Falschen Mehltaupilze** (*Peronosporaceae*) erhebliche Bedeutung. Auch diese Pilze sind stark an Feuchtigkeit gebunden, sie benötigen oft für ihre Ausbreitung durch die Sporangien und Zoosporen tropfbares Wasser nach Regen oder Tau und bedeuten für die Kulturen bei gemäßigten Temperaturen eine größere Gefahr als bei hohen. Falsche Mehltaupilze sind bedeutungsvoll für Kohlanzuchten und zuweilen auch für herangewachsene Bestände des Kopfkohls (*Peronospora brassicae* Gäum.), für Spinat (*P. spinaciae* Laub.), für Zwiebelkulturen (*P. destructor* [Berk.] Casp.), für Möhre und Sellerie (*Plasmopara nivea* [Ung.] Schroet.) für den Gurkenanbau (*P. cubensis* Berk. et Curt.), für Anzucht und Treibanbau des Kopfsalats (*Bremia lactucae* Regel). Die Tomatenpflanzen werden vom gleichen Krautfäuleerreger (*Phytophthora infestans* de By.), wie die Kartoffelpflanze befallen. Der Pilz tritt auch hier in verschiedenen Biotypen auf. Er richtet am Blattwerk der Tomatenpflanzen kaum nennenswerten Schaden an, um so verderblicher ist jedoch dieser an den Früchten in Form einer Braunfäule. Die Früchte werden braunfleckig ohne Pilzbelag, im Innern vom Pilz durchwuchert und können nach einem Sekundärbefall mit Bakterien in Fäulnis übergehen. Zu den Falschen Mehltaupilzen gehört auch der „Weiße Rost“, der rundliche oder eckige weiße Pusteln auf der Blattunterseite des Meerrettichs (*Albugo candida* [Pers.] Ktze.) und der Schwarzwurzel (*A. tragopogonis* [Pers.] Schroet.) bildet. Die Pilzlager reißen wie bei den Sporenlagern echter Rostpilze später auf und entlassen rundliche Sporen. Gegen Falsche Mehltaupilze haben sich seit langem Kupferpräparate am besten bewährt. Deren prophylaktische Wirksamkeit hängt jedoch entscheidend vom Anwendungstermin ab. Heute treten Thiocarbamate (Zineb, Maneb) an die Stelle der Kupfermittel, weil sie neben guter fungizider Wirksamkeit geringer phytotoxisch wirken.

Den Falschen Mehltaupilzen stehen die **Echten Mehltaupilze** (*Erysiphaceae*) als Ektoparasiten der Gemüsepflanzen gegenüber. Ihr weißes Myzel lagert sich in gleich-

Abb. 15. Gurkenwelke (*Fusarium*)

mäßiger, mehr oder minder dichter Schicht den Pflanzenorganen auf und entsendet Haustorien in die Epidermiszellen. Die ovalen Konidien werden in Ketten abgeschnürt, die Perithezien (Kleistothezien) liegen als dunkle punktförmige Gebilde im Myzel. Echte Mehltaupilze sind an Gemüsepflanzen weitverbreitet, in der Regel greift ein Befall der Pilze am stärksten vom Hochsommer an um sich, so daß naturgemäß späte Kulturen am ehesten bedroht sind. Unter Echtem Mehltau leiden Erbsen und Kohl (*Erysiphe polygoni* DC.), Möhre und Petersilie (*E. umbelliferarum* de By.), besonders Gurke (*E. polyphaga* Hamm.), Schwarzwurzel (*E. cichoracearum* DC.), wobei der Befall oft von Unkrautpflanzen der gleichen Pflanzenfamilie seinen Ausgang nimmt. Als spezifischer Wirkstoff gegen den Echten Mehltau gilt der Schwefel. Im

Gurkenanbau werden auch Spezialsystemfungizide angewandt.

Pilzliche Erkrankungen der Gemüsepflanzen treten auch als **Welke- und Fußkrankheiten** auf (Abb. 15). Erreger einer Welkekrankheit bei Tomate und Gurke ist der polyphage Wirtelpilz (*Verticillium albo-atrum* Rke. et Barth), der mit seinem Myzel in den Gefäßen der Pflanzen lebt, diese durchwuchert und verstopft sowie durch Ausscheiden von Toxinen die Pflanzenzellen zerstört. Die Kulturen erkranken vom verseuchten Boden her oder von infizierten Pflanzenrückständen aus. Eine Fußkrankheit, ebenfalls vom verseuchten Boden her, wirkt sich letzten Endes auch im Welken aus, da Wasser- und Nährstoffzuleitungen durch den Befall am Grunde der Pflanze unterbunden werden. Urheber sind Pilze der artenreichen und verbreiteten Gattung *Fusarium,* die durch ihr weißliches bis rötliches Myzel und die septierten Sichelsporen charakterisiert ist, ferner Wurzeltöterpilze mit kräftigen dunklen Myzelfäden und pockenartigen Sklerotien (*Rhizoctonia solani* K.) oder dichtem violetten Pilzgeflecht (*R. crocorum* [Pers.] DC.), sowie die Erreger von *Sclerotinia*-Welken (*Sclerotinia sclerotiorum* [Lib.] Sacc. et Trott., *S. minor* Jagg.). Durch diese Pilzarten sind wieder die Tomate und die Gurke, außerdem Kopfsalat, Spargel und die Hülsenfrüchte, bei denen im übrigen, wie bereits erwähnt, auch Brennfleckenpilze Welke- und Fußkrankheiten bewirken können, am meisten bedroht.

Ein an Kohlgewächse angepaßter, unterirdisch in den Wurzeln lebender Pilz ist schließlich der Erreger der **Kohlhernie** oder Kropfkrankheit (*Plasmodiophora brassicae* Wor.), der sich in festen Wucherungen und klumpenförmigen Anschwellungen der Wurzeln darstellt (Abb. 16). Schon im Saatbeet können die Keimpflanzen, später im verseuchten Freiland die Kohlsetzlinge befallen werden. Der zu den Archimyceten gehörende Pilz ist im feuchten Boden lebensfähig und verseucht ihn für eine Reihe von Jahren, wobei Unkrautpflanzen aus der Familie der Kreuzblütler ebenfalls Wirtspflanzen des Pilzes sind. Da er im alkalischen Bodenbereich in seiner Entwicklung gehemmt wird, kommt der Kalkung des verseuchten Bodens große Bedeutung zu.

Gefürchtet sind in den Anzuchten der Gemüsepflanzen auftretende Keimlings- oder **Vermehrungspilze** (*Olpidium*, *Rhizoctonia*, *Pythium*, *Thielaviopsis*, *Fusarium*) als

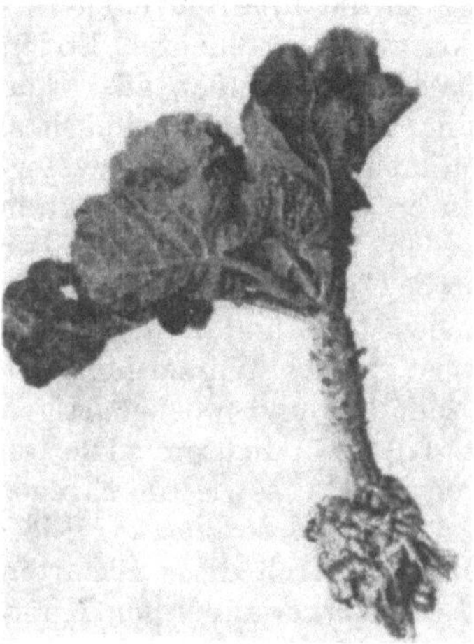

Abb. 16. Kohlhernie

Erreger des Umfallens der Keimpflanzen, von Schwarzbeinigkeit oder Wurzelbrand. Die Pilze treten besonders in den während der lichtarmen Jahreszeit in Gewächshäusern vorgenommenen Anzuchten auf und befallen die Pflänzchen von verseuchter Anzuchterde aus. Zu ihnen gesellen sich, auch bei Freilandanzucht, die samenübertragbaren Flecken- und Schwärzepilze (*Ascochyta*, *Mycosphaerella*, *Septoria*, *Alternaria*, *Macrosporium*, *Phoma*) sowie die im Boden überdauernden (*Sclerotinia*, *Fusarium*, *Didymella*, *Plasmodiophora*) oder aus Kulturerde von befallen gewesenen Pflanzenresten stammenden (*Peronospora*, *Verticillium*, *Alternaria*, *Septoria*) echten oder fakultativen Parasiten. Wenn die Aussaaten zu dicht vorgenommen worden sind, die Kulturen zu feucht gehalten werden, schlecht gelüftet sind, zu starke Temperaturschwankungen vorkommen, entstehen sich schnell vergrößernde Herde umfallender, schwarzbeiniger und welkender Pflänzchen, oft überzogen mit feinen hellen Pilzfäden. Bei manchen Infektionen machen sich diese erst später an den herangewachsenen Pflanzen deutlich bemerkbar, etwa bei der obengenannten Kohlhernie oder bei der Tomatenstengelfäule (*Didymella lycopersici* Kleb.). Der Erneuerung der Anzuchterden zu jeder Aussaat oder der Desinfektion durch Erddämpfung oder mit chemischen Mitteln sowie der Saatgutbeizung kommen daher im Gemüsebau größte Bedeutung zu.

Schließlich werden im Gemüsebau auch die eingelagerten Erzeugnisse von Pilzbefall bedroht. Es versteht sich von selbst, daß erhebliche **Lagerverluste** eintreten, wenn in die Lagerhäuser, Lagerkeller oder Mieten krankes oder beschädigtes Gemüse eingelagert wird, etwa vom Schorfpilz (*Phoma apiicola* Kleb.) befallene Sellerieknollen, von der bakteriellen Braun- oder Schwarz-Trokkenfäule (*Xanthomonas campestris* [Pamel] Dows.) angegriffener Kohl, aufgeplatzte Kohlköpfe, an Halsfäule (*Botrytis*) erkrankte Zwiebeln, sklerotienkranke (*Sclerotinia*) Möhren. Bei der in den Lagerräumen und Mieten oft herrschenden zu hohen Temperatur und Feuchtigkeit und der nicht ausreichenden Durchlüftung kommt es dann zu pilzlichen (*Alternaria, Phoma, Sclerotinia, Botrytis*) oder zu bakteriellen (*Erwinia*) Braun-, Schwarz- oder Weichfäulen. Der Einbau von Lüftungsanlagen in die Lagerhäuser oder Kohlscheunen zur Frischluftzufuhr oder Luftumwälzung ist daher für eine möglichst verlustlose Einlagerung sehr wichtig. Weniger kosten- und arbeitsaufwendig sind neue „Technische Mieten“, die als Einzelmieten gebaut, Isolierstoffe als Mietendecke sowie Lüftungsöffnungen aufweisen, die bei Bedarf geschlossen werden können. Solche Mieten gestatten ohne Schwierigkeit die ständige Temperatur- und Feuchtigkeitskontrolle sowie die laufende Entnahme auch bei starkem Frost. Es wird versucht, durch Einstäuben oder Einstreuen fungizider Präparate (Quintozen) in hygienisch einwandfreien Verfahren den Lagerschutz noch zu verbessern.

III. Schädlinge im Gemüsebau

Die zahlreichen, verschiedenen Pflanzenfamilien angehörenden Gemüsepflanzenarten werden von vielen Schädlingen befallen, die in polyphager Lebensweise bei einem Massenauftreten viele Kulturen unterschiedslos heimsuchen. Dabei bevorzugen jedoch die Schädlinge bestimmte Gemüsearten, oder sie sind als Bewohner des Bodens von dessen Zustand und Struktur abhängig. Andere treten in mehr oder minder strenger Anpassung an einzelne Arten der Gemüsepflanzen monophag auf. Welche Schädlingsarten im Freilandgemüsebau wirtschaftliche Bedeutung erlangen, hängt entscheidend von der Jahreswitterung, von der Art und Methode des Anbaus, von den Gemüsepflanzenarten und ihrer Nutzung, von der Fruchtfolge und sonstigen Kulturmaßnahmen ab. Dabei ist die Schädlingsfauna im Feldgemüsebau naturgemäß eine andere als die unter Glas und Plasten.

Es ist erklärlich, daß die krautigen Gewächse besonders unter polyphagen **Bodenschädlingen** erheblich leiden können, die im oder am Boden leben und deren Larven mehrjährige Entwicklungen im Boden durchlaufen. Die harthäutigen gelbraunen Drahtwürmer, die Larven von Schnellkäfern (*Elateridae*), von denen im Gemüsebau besonders die Gattungen *Agriotes* und *Athous* genannt seien, kommen überall im lockeren Boden vor, oft massenhaft im Gras- und Brachland, das beim Umbruch zur gärtnerischen Nutzung sehr genau auf die Schädlinge untersucht werden muß. Die Drahtwürmer bohren sich in die Hauptwurzel, in den Strunk, in die Knollen oder Rüben ein, befressen auch die gequollenen und keimenden

Samen, nachdem sie anfangs nach dem Ausschlüpfen aus den in den Boden abgelegten Eiern von Humusbestandteilen gelebt hatten. Der Salat wird bevorzugt gefressen. Er wird in Kleingärten deshalb in Zwischensaat und Zwischenpflanzung zum Anlocken der Drahtwürmer vielfach benutzt, indem man die später welkenden Salatpflanzen zusammen mit den eingedrungenen Schädlingen sorgfältig aushebt und vernichtet. Der gleiche Anlockungseffekt wird übrigens auch mit Kartoffelknollen erzielt. — Wie die Drahtwürmer leben auch die Engerlinge, die Larven von Maikäfern, Brachkäfern, Junikäfern (*Melolonthinae*), mehrjährig im Boden, anfangs gesellig, da die Eier in Haufen abgelegt werden, später einzeln. Ihr Vorkommen und die Stärke ihres Auftretens auf Gemüseanbauflächen sind abhängig vom Zustand und von der Bedeckung des Bodens zur Flugzeit der Käfer, da diese Tiere warmen, lockeren, nicht zu feuchten Boden mit nicht zu dichtem Pflanzenbestand für die Eiablage bevorzugen. — Bodenschädlinge im feuchten, anmoorigen Gelände, besonders der Wiesenböden, sind die Wiesenschnakenlarven, graue, walzenförmige Larven bis zu 4 cm Länge, mit schwach quergerunzeltem Körper, der sich zusammenziehen und strecken kann und gegen Druck außerordentlich widerstandsfähig ist. Es sind fußlose Larven der großen, grau oder bräunlich gefärbten, langbeinigen Schnaken (*Tipulidae*), die als Kohl-, Sumpf- oder Herbstschnaken mit unterschiedlicher, ein- oder zweijähriger Lebensweise der Larven bei uns vorkommen. Die Schnakenlarven fressen dicht unterhalb der Bodenoberfläche an den Pflanzen, sie kommen in warmen Nächten auch nach oben und benagen die unteren Blätter der Pflanzen. Eier und Larven brauchen Feuchtigkeit zur Entwicklung, deshalb sind feuchte Jahresperioden in den Befallsgebieten, besonders im Küstenklima, kritische Jahre für solche Schäden. — Der humusreiche Gemüseboden und auch die Komposthaufen sind die geeigneten Biotope für die raupenähnlichen, aber fußlosen schmutzig grauen, schwach gerunzelten und beborsteten Haarmückenlarven. Sie werden bis 15 mm lang und fallen durch ihre dunkle Kopfkapsel auf. Die Haarmücken (*Bibionidae*), große schwarz- oder rotgefärbte fliegenähnliche Mücken, sind im Frühjahr oft massenhaft in trägem Fluge oder auf Gesträuch sitzend anzutreffen. Die Weibchen legen die Eier dicht beieinander ab, so daß auch bei diesen Arten die Larven anfangs gesellig, zunächst sich von Humus ernährend, später einzeln leben. Mit Kulturerden aus befallener Komposterde werden die Larven leicht verschleppt, natürlich auch in die Gewächshäuser, Frühbeetkästen, Topfkulturen und Anzuchten. — Allein durch ihre Wühltätigkeit, bei der die Pflanzenwurzeln abgerissen, die Keimpflanzen umgeworfen und zugeschüttet werden, richten die großen Maulwurfsgrillen oder Werren (*Gryllotalpa vulgaris* Latr.) im Gemüsegelände Schaden an. Er wird erhöht durch die Fraßtätigkeit der Tiere an Blättern und Keimlingen, an Wurzeln, Knollen und Rüben. Auch die Maulwurfsgrillen sind an ausreichend feuchten Boden gebunden, sie bevorzugen gleichfalls das anmoorige Wiesengelände und Humusböden, deren Grundwasserstand nicht zu niedrig sein darf, und besonders solche Stellen, die an Gräben und sonstige Gewässer angrenzen. Die Wühlgänge der sehr beweglichen und nachts auch an die Oberfläche kommenden Tiere durchziehen den Boden kreuz und quer. Das Weibchen legt seine zahlreichen Eier in einem Erdnest ab und betreut dieses und die ausgeschlüpften Jungen für längere Zeit, bis sich die Jungen zerstreuen und einzeln von pflanzlicher und tierischer Kost leben.

Zur Bekämpfung der genannten Pflanzenschädlinge im Boden wird die Bodenbehandlung mit Insektiziden aus Lindan in verschiedenen Anwendungsverfahren vorgenommen wie Flächen-, Streifen- oder Pflanzlochausbringung oder Streuköder. Es hat sich aber gezeigt, daß die Maulwurfsgrille empfindlicher auf Methylparathion reagiert als auf Lindan.

Nur zeitweilig, meist tagsüber, halten sich die Erdraupen der Erdeulen (*Agrotis*) in der obersten Bodenschicht auf, in der sie auch in der Ruhe zusammengerollt liegen und von wo aus sie die Pflanzen benagen und durchbeißen, so daß die Pflanzen welken, oder auch die Wurzeln, Knollen und Rüben anfressen. Oft werden die unteren Blätter der Pflanze ein Stück in den Boden hineingezogen. Während der Nacht und bei trübem Wetter kommen die Erdraupen an die Oberfläche, kriechen auf die Pflanzen, befressen die Blätter und dringen oft ins Innere ein. Der schmierige Raupenkot weist dann auf die Urheber der Fraßschäden hin. Die Färbung der grauen Raupen wechselt in der Tönung, sie ist abhängig von der Art der Nahrung und vom Boden. Lebensweise, Zahl der Generationen und Überwinterung sind bei den einzelnen Arten verschieden. Die Bekämpfung der Erdraupen ist mit insektiziden Streumitteln aus Lindan möglich, aber auch Streuköder aus Weizenkleie mit den phosphororganischen, insektiziden Wirkstoffen bringen gegen die beweglichen Schädlinge gute Erfolge.

Sehr beachtliche Schädlinge des Gemüsebaus sind die **Gemüsefliegenmaden**, die in und an den Wurzeln, in den Rüben, in den Keim- und Jungpflanzen, in den jungen Sprossen leben und durch ihre Fraßtätigkeit die Pflanzen zum Welken oder Verfaulen bringen. Die Kohlfliege (*Phorbia brassicae* Bché.) legt ihre Eier am Boden neben die Kohlsetzlinge ab. Von den drei während des Jahres vorkommenden Bruten ist die des Frühjahres die schädlichste, besonders wenn das Frühjahrswetter sehr trocken und warm ist. Dann bleiben die Kohlsetzlinge durch den Fraß der Larven an Wurzeln und am Stengelgrund im Wachstum zurück, ihre Blätter werden bleigrau oder hellgrün und schlaff, und die ganze Pflanze vertrocknet. Die Maden der Sommerbruten rufen zuweilen durch oberirdischen Fraß in den Blattmittelrippen des Chinakohls oder in den Rosen des Rosenkohls Schäden hervor. Die Maden bohren dann auch in Rettichen und Radieschen. Dem Schadbild an Kohlsetzlingen ähneln die Schäden beim Befall der jungen Zwiebelpflanzen durch die Maden der Zwiebelfliege (*Phorbia antiqua* Meig.), die den Herztrieb durch ihre Fraßtätigkeit vermorschen oder verfaulen lassen, so daß die Pflanzen vergilben und eingehen. Auch hier ist die Frühjahrsbrut die schädlichste, während die Sommerbrut durch den Larvenfraß in den herangewachsenen Zwiebeln nur kleine oder „dickhalsige" Zwiebeln entstehen läßt. — Die Maden der Möhrenfliege (*Psila rosae* F.) lassen durch ihren Fraß im Spitzenteil der jungen Möhrenwurzeln die Möhrenpflanzen vergilben und bei Trockenheit absterben. Sie rufen durch die Maden der Sommerbrut die als Eisenmadigkeit bekannten rostbraunen Madengänge in den herangewachsenen Möhrenwurzeln hervor, wodurch die Möhren unbrauchbar werden. Die genannten drei Gemüsefliegen treten alljährlich in witterungsbedingt unterschiedlicher Stärke als Schädlinge auf. Das erfordert deshalb Bekämpfungsmaßnahmen, die entsprechend der Lebensweise der Fliegen und ihrer Larven vorbeugenden Charakter tragen müssen, um den Madenfraß zu verhindern. Die Kohlsetzlinge schützt man gleich nach dem Auspflanzen durch Gieß- oder Streumittel aus den Insektiziden Lindan, Dimethoat oder Bromophos. Die Zwiebel- und Möhrensamen werden mit DDT bzw. Lindan inkrustiert (S. 139). Nach dem Auflaufen der Pflanzen können ferner Granulate mit Wirkstoffen phosphororganischer Insektizide eingesetzt werden. Auch Rettiche und Radieschen könnten durch Saatgutinkrustierung geschützt werden, jedoch verbietet die Gefahr von Insektizidrückständen am Erntegut bei den so schnell erntereifen Frühmöhren, Frührettichen und Radieschen, die noch dazu ungeschält oder ungeschabt genossen werden, diese Bekämpfungsmethode bei den Frühkulturen. Bei ihnen bietet sich das Angießen mit dem Wirkstoff Bromophos oder die Ausbringung von Granulaten an. Solche Präparate werden zum Flugbeginn der Fliegen oder beim allerersten Madenfraß angewandt. — Als Schädlinge in den Spargelstangen der noch nicht stechreifen Spargeljunganlagen treten die Maden der Spargelfliege (*Platyparea poeciloptera*

Schrank) auf. Sie leben in Fraßgängen in den Stangen, so daß diese sich verkrümmen und auch abwelken können. Die weibliche Fliege legt mit Hilfe ihres Legebohrers die Eier in die Spargelstangenköpfe. Die Flugzeit der Spargelfliege dauert von April an einige Wochen. Während dieser Zeit können die Fliegen durch wiederholtes Bestäuben der Anlage mit Lindan-Stäubemitteln bekämpft werden. — Nur Gelegenheitsschädlinge an Gemüsepflanzen sind die Maden einiger Wurzelfliegen (*Phorbia platura* Meig, *P. florilega* Zett., *P. radicum* L.), die als „Bohnenfliegen" in der Pflanzenschutzliteratur geführt werden. Es handelt sich um Fliegenarten, die ihre Eier in humusreichen Boden an keimende Samen und fleischige Wurzeln, Knollen und Zwiebeln ablegen, dabei aber im Wachstum geschädigte bevorzugen. Die Frühjahrsbrut der Fliegen wählt im feuchten und kalten Frühjahr für ihre Eiablage gern die durch ungünstiges Wetter und durch zu kalten Boden im Aufgang und Wachstum gehemmten ersten Aussaaten von Busch- und Stangenbohnen, die dann erhebliche Fraßschäden der Maden an den Keimblättern, im Herzen der Keimpflanzen und im Hypokotyl erleiden. Charakteristisch für diese Gelegenheitsschädlinge ist ihr plötzliches massenhaftes Auftreten, nachdem jahrelang bei günstiger Witterung für die Bohnenkeimung von ihnen nichts zu sehen war. Es können auch Gurkenaussaaten und sogar Spargelstangen, bevor sie den Boden durchbrochen haben, fraßgeschädigt werden. Die Saatgutinkrustierung oder die Beizung der Samen mit Kombinationsbeizmitteln aus fungizidem Thiuram oder Captan mit Kontaktinsektiziden schützt vor einem Befall. In einem Frühjahr mit gutem Aufgangswetter für die Samen und beim Ausbleiben des Befalls regt eine solche Kombinationsbeize zum mindesten die Keimung und die Jugendentwicklung der Pflanzen an und hemmt etwaigen Pilzbefall.

Die Maden einiger Fliegenarten, die an Gemüsepflanzen zwischen Ober- und Unterhaut der Blätter, Gang- oder Platzminen ausfressen oder in der Mittelrippe und im

Blattstiel minieren, können bei warmer und trockener Witterung merklichen Schaden besonders an jungen Pflanzen anrichten. Dieser hält sich aber meist in wirtschaftlich erträglichen Grenzen. Gelegentlich aber minieren die Maden der im Rübenbau bekannten Rübenfliege (*Pegomyia hyoscyami betae* Curt.) massenhaft im Spinat, der dann durch die blasenartigen Platzminen in den Blättern und die Maden darin unverkäuflich und ungenießbar wird. Ein Bespritzen mit Parathion- oder Trichlorphon-Präparaten, auch mit Dimethoat, tötet zwar die Maden ab, diese bleiben aber tot in den Minen liegen.

Eine auffällige Wachstumsschädigung beim Kopfkohl und besonders beim Blumenkohl durch Anschwellen der Blattstiele am Grunde, durch Verkrümmung der Sproßspitze und Drehung der Herzblätter („Drehherzigkeit") und eine bei feuchtem Wetter nachfolgende Fäulnis („Kohlherzenseuche") wird durch die winzigen, gesellig lebenden gelblichen Larven der Drehherzmücke (*Contarinia nasturtii* Kieff.) hervorgerufen. Der Schaden zeigt sich von Mitte Juni ab, aber auch spätere Pflanzungen können noch geschädigt werden, da die Gallmücken in drei Generationen während des Sommers auftreten. Für die termingerechte Anwendung von Insektizidspritzungen ist die prognostische Ermittlung der Mückenflüge notwendig. Sie kann durch Beobachtung des Schlüpfens der Mücken aus Puppen in Fangkästen oder durch Errechnung aus empirisch gewonnenen Werten der Temperatur- und Feuchtigkeitsabhängigkeit der Art gewonnen werden. Die Drehherzigkeit darf nicht mit der „Herzlosigkeit" verwechselt werden, bei der am Blumenkohl als Folge von Molybdänmangel im Boden eine auffällige Rückbildung der Spreite heranwachsender Blätter bis zur Entwicklung von Blattstielen ganz ohne Blattspreite und ein Verkümmern der Herzblätter überhaupt eintreten (Abb. 17). Durch eine Düngung mit Natriummolybdat kann dieser Erkrankung vorgebeugt werden.

Verunstaltungen der Herzblätter und Blattstiele und

schließlich Kümmerwuchs und Abwelken der Kohlsetzlinge, also Schadbilder, die denen durch die Maden der Kohlfliege und die Larven der Drehherzmücke ähneln, entstehen auch durch die Fraßtätigkeit der Larven der Kohltriebrüßler (*Ceutorrhynchus quadridens* Panz.,

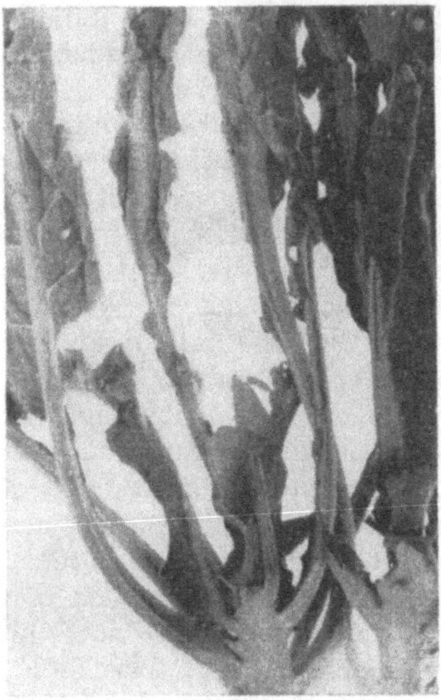

Abb. 17. Molybdänmangelkrankheit des Blumenkohls

C. napi Gyll.) und der Mauszahnrüßler (*Baris coerulescens* Scop., *B. cuprirostris* F.) im Innern der Kohlherzen, Stengel und Blattstiele. Die gekrümmten, fußlosen weißlichen Larven mit deutlicher Kopfkapsel fressen gesellig und verpuppen sich in der Erde. Beide Rüsselkäferarten sind auch wichtige Schädlinge der Rapspflanzen, bei denen sie ebenfalls in Anzahl in den Stengeln leben. Diese reißen infolge des Larvenfraßes auf und knicken um. Gegen Triebrüßler können Jungpflanzen mit Lindan behandelt werden. Im Rapsanbau werden die Kulturen regelmäßig und alljährlich gegen die überwinterten Käfer zu Beginn der Rapsblüte mit bienenungefährlichen Kontaktinsektiziden behandelt. Diese Maßnahme wirkt sich auch auf den Schutz des Kohlanbaues in der Nachbarschaft solcher Rapsanbauflächen aus. Dasselbe gilt für die Bekämpfung des Kohlgallenrüßlers (*Ceutorrhynchus pleurostigma* Mrsh.). Auch dieser Schädling wird durch das im Rapsanbau übliche Inkrustieren des Saatgutes mit Lindan gegen den Rapserdfloh mit erfaßt, da der Käfer auch ein Rapsschädling ist. Seine Larve bewirkt bei Kohl und Raps rundliche Gallen am Wurzelhals oder unterem Stengelteil, in denen sich die Larven entwickeln. Ferner ist der Kohlschotenrüßler (*Ceutorrhynchus assimilis* Payk.), dessen Larven sich in den Samenschoten entwickeln, ein Kohl- und Rapsschädling und wird wie die Triebrüßler im Rapsanbau alljährlich mit Insektiziden bekämpft, so daß auch er durch den Rapsanbau mit seinem reichen Wirtspflanzenangebot in der Entwicklung und Vermehrung zwar gefördert, gleichzeitig aber auch durch die intensiven Bekämpfungsmaßnahmen wieder unterdrückt wird. Das kommt natürlich auch dem Kohlanbau zugute. Hier befällt der Schädling mit seinen spät aus den Winterlagern gekommenen Populationen in erster Linie die im allgemeinen früh blühenden und fruchtenden Samenträger aus feldüberwintertem Kohl. Schließlich wird eine Art (*Ceutorrhynchus suturalis* F.) der „Verborgenrüßler" — so genannt nach der Fähigkeit der Käfer, beim Abfallen und Sichtotstellen den Rüssel dicht an die Körperunterseite zu pressen und zu verbergen — als Zwiebelrüßler durch den Minierfraß der Larven in den Blättern in trockenen Jahren zum Schädling.

Durch **Blattfraß** werden an manchen Gemüsepflanzenarten Blattkäfer und ihre Larven schädlich. Die Käfer fressen Löcher in die Blattspreite oder benagen die Blätter vom Rande her, die Larven skelettieren die Blätter durch Herausfressen des Blattgrüns, so daß nur die Blattadern und Blattrippen stehenbleiben, oder schaben das Blattgrün flecken- oder streifenförmig ab. Am Meerrettich fressen die Meerrettichblattkäfer (*Phaedon armoraciae* L., *P. cochleariae* F.), am Ampfer und Rhabarber der Ampferblattkäfer (*Gastrophysa viridula* Deg.), an Zwiebelpflanzen das Zwiebelhähnchen (*Lilioceris merdigera* L.). Von besonderer Bedeutung sind die Spargelkäfer (*Crioceris asparagi* L., *C. duodecimpunctata* L.), die in manchen Jahren massenhaft am Spargelkraut auftreten und hier nicht nur die Blättchen abweiden, sondern auch die Stengel und Beerenfrüchte benagen. — Zu den Blattkäfern gehören auch die für die Kohlanzuchten und für die Setzlinge so gefährlichen Flohkäfer oder Erdflöhe (*Phyllotreta undulata* Kutsch., *P. nemorum* L., *P. atra* F., *P. nigripes* F.). Die überwinterten Kohlerdflöhe nagen zunächst feine Grübchen in die Keimblätter, gelegentlich schon an Keimlingen im Boden, später Löcher in die Laubblätter und üben darauf einen Schabe- oder Fensterfraß aus oder befressen die Blätter auch vom Rande her. Begünstigt ein trockenes warmes Frühjahr das Käferauftreten, werden auch die Kohlsetzlinge nicht vom Fraß verschont. Es handelt sich im Frühjahr um den Reifungsfraß der überwinterten Altkäfer vor der Begattung und Eiablage. Mit Phosphorinsektiziden sind Blattkäfer und ihre Larven leicht zu bekämpfen. Daher sind Erdfloh- und Spargelkäferfraßschäden in der letzten Zeit weniger hervorgetreten als früher.

Unter Fraßschäden durch Raupen haben die Kohlgewächse stark zu leiden. Für die Bekämpfung solcher Raupen trifft das über die Erdflöhe Gesagte zu. Gegen frei auf den Blättern fressende Raupen, wie die der bekannten Kohlweißlinge (*Pieris brassicae* L., *P. rapae* L., *P. napi* L.) oder der Kohlschabe (*Plutella maculipennis* Curt.), bietet die Anwendung von Insektiziden, gegebenenfalls wiederholt durchgeführt, keine Schwierigkeit. Abhängig in ihrer Wirksamkeit vom Anwendungszeitpunkt wird die Maßnahme aber gegen die Raupen der Kohl- und Gemüseeulen (*Barathra brassicae* L., *Polia oleracea* L.), da diese nur anfangs außen an den Blättern fressen und alsbald in die Kohlköpfe eindringen, wo sie mit chemischen Mitteln nicht mehr erreichbar sind. Der Schaden durch sie wird nicht nur durch den Raupenfraß im Innern angerichtet, sondern auch durch das Verschmutzen der Kohlpflanzen mit dem schmierigen Raupenkot. Auch der Kopfsalat wird von zahlreichen Arten von Eulenraupen angegangen. Meist sind es polyphage Arten, die auf wildwachsenden Pflanzen oder auf Unkrautpflanzen verbreitet vorkommen. Im allgemeinen jedoch treten diese Raupen lokal und nur zuweilen zahlreich, aber nicht so massenhaft und schädlich wie beim Kohl auf. Gegen den zunächst unauffällig in den Erbsenhülsen vor sich gehenden Fraß der Raupen des Erbsenwicklers (*Grapholitha nigricana* Steph.) ist die Anwendung von Insektiziden recht schwierig und noch nicht befriedigend gelöst. Zur Zeit der Erbsenblüte fliegen die kleinen Falter und legen ihre Eier einzeln auf die Kelchblätter der Blüten, aber auch auf die Unterseite der Laubblätter ab. Die Eiraupe spinnt über der Stelle, an der sie sich in die Hülse einbohren will, meist in der Nähe der Rückennaht der Hülse ein feines Gespinst. Der Fraß der Raupen an den Samen wird erst beim Auspalen der „Schoten“ oder beim Drusch der Trockenerbsen offenbar. Der Erfolg einer Insektizidanwendung hängt entsprechend der Biologie des Schädlings ganz vom Anwendungstermin ab, denn nur der Falter zur Zeit der Eiablage und die Eiraupen vor dem Eindringen in die Hülse sind vom chemischen Mittel erfaßbar. Von den Kontaktinsektiziden haben sich früher das DDT und das Toxaphen als wirksam erwiesen. Das letztgenannte verdiente wegen seiner Bienenungefährlichkeit den Vorzug, obwohl die Erbsenblüte selbst von den Bienen kaum beflogen wird. In der Regel wachsen aber im Erbsenbestand blühende Unkrautpflanzen. In der Insektizidanwendung ist weiterhin die Tatsache beachtlich, daß das Erbsenkraut oder das Erbsenstroh nach der Aberntung des Bestandes verfüttert werden. Die stabilen DDT und Toxaphen können bei anhaltend trockenem Wetter Wirkstoffrückstände auf dem Kraut hinterlassen, die bei der Verfütterung nicht unbedenklich sind. Daher sind Phosphorsäureester vorzuziehen, die alsbald eine chemische Umsetzung auf den behandelten Pflanzen erfahren. Eine weitere Schwierigkeit ergibt sich in der Technik der Insektizidanwendung mit Bodengeräten auf den großen Erbsenfeldern. Hier bietet sich der Flugzeugeinsatz an, der auch die termingerechte Durchführung der Bekämpfung am ehesten ermöglicht.

Ähnliche Schwierigkeiten ergeben sich bei Hülsenfrüchten in der Bekämpfung der **Samenkäfer** (*Bruchidae*), im Gemüsebau beim Erbsenkäfer (*Bruchus pisorum* L.), beim Ackerbohnenkäfer (*B. rufimanus* Boh.) und beim Speisebohnenkäfer (*Acanthoscelides obtectus* Say). Hier entwickeln sich die Larven in den Samen, die nach dem Drusch am kreisrunden Ausschlüpfloch des Käfers, das vorher von der Oberhaut des Samens deckel- oder fensterartig verschlossen ist, den Befall erkennen lassen. Erbsen- und Ackerbohnenkäfer sind Feldschädlinge, sie legen wie die Erbsenwickler ihre Eier an die jungen Hülsen ab und können sich in den trockenen Vorräten nicht entwickeln oder vermehren. Die Bekämpfung der beiden Schädlinge ähnelt also im Feldbestande der gegen den Erbsenwickler. Der Speisebohnenkäfer in den Busch- oder Stangenbohnen ist jedoch entsprechend seiner Herkunft aus wärmeren Ländern (vermutlich Mittel- und Südamerika) in erster Linie ein Vorratsschädling. Er vermehrt sich in den lagernden Vorräten, eine Brut löst die andere ab, bis die Trockenbohnen von den zahlreich in einer Bohne fressenden Larven ganz zerstört sind. Der Speisebohnenkäfer entwickelte sich bei uns auch mehr und mehr zum Freilandschädling, der mit befallenen Saatbohnen verschleppt wird oder selbst aus den Vorratsräumen fliegend ins Freie gelangt und dann an die reifenden Bohnenhülsen seine Eier ablegt. Mit den reifen Hülsen gelangen die Schädlinge in die Vorratsräume zurück, wo die Larven bis zum Drusch der Bohnen ihre Entwicklung zum Käfer vollenden können. Der Käfer hat jetzt bei uns kaum noch Bedeutung.

Zu den durch ihre **Saugtätigkeit** gefährlich werdenden Pflanzenschädlingen zählen im Gemüsebau einige Wanzenarten. Es sind solche, die allgemein verbreitet vorkommen und in warmen Sommern, wenn ihre Entwicklung begünstigt ist, an Kulturpflanzen massenhaft und schädlich auftreten können. So kann die Grüne Futterwanze (*Lygus pabulinus* L.), deren Eier in der Rinde von Gehölzen, auch Obstgehölzen, überwintern und deren Larven der Frühjahrsbrut auf den Gehölzen saugen, mit ihrer Sommerbrut, die auf krautigen Gewächsen lebt, an Buschbohnen, Petersilie und anderen beträchtlichen Schaden anrichten. Die Stiche der Wanzenlarven sind „giftig", sie wirken sich in punktförmigen Stichstellen, Löchern, Rissen und Verunstaltungen der Blätter und Triebe aus. Zwei andere Blindwanzen (*Lygus campestris* L., *L. kalmi* L.) sind Bewohner der Umbelliferen. Sie können durch ihre Saugtätigkeit Blattverkrümmungen am Möhrenkraut und Samenschäden hervorrufen, beim Sellerie die Herzblätter vertrocknen oder verfaulen lassen, was sich auf das gesamte Wachstum und die Haltbarkeit der Sellerieknollen ungünstig auswirkt. Ein Gelegenheitsschädling an Gewächshausgurken in warmen Gegenden ist die Rotköpfige Springwanze (*Halticus saltator* Geoffr.), die die Blätter vergilben, sich einrollen und vertrocknen läßt. Im Kohlanbau schließlich können auch bei uns die in Ost- und Südost-Europa als Schädlinge der Ölfrüchte gefürchteten Kohlwanzen (*Eurydema oleraceum* L., *E. ornatum* L.) Saugschäden an Blättern und Trieben anrichten, wenn trockenes, anhaltend warmes Wetter die Wanzenentwicklung begünstigt. — Unter den Blattsaugern oder Blattflöhen ist lediglich der Möhrenblattfloh (*Trioza apicalis* Först.) zu nennen, der durch sein Saugen das Möhrenkraut verunstaltet, so daß es wie krause Petersilie aussieht.

Wirtschaftlich sehr bedeutungsvoll sind unter den saugenden Insekten die Blattläuse. Wenn anhaltend trokkenes warmes Wetter ihre Vermehrung fördert, kommt es zu einem Massenauftreten. In dichten Kolonien besiedeln dann die Läuse die Blätter und Triebe, die infolge des ständigen Saftentzugs verkümmern und außerdem durch die Honigtauausscheidungen der Läuse und den nachfolgenden Rußtaupilzbefall verschmutzen und so in der Atem- und Assimilationstätigkeit gehemmt werden. Kohlbestände, die von der Mehligen Kohlblattlaus (*Brevicoryne brassicae* L.) dicht besiedelt werden und durch die Wachsausscheidungen der Tiere sowie durch die bei den Häutungen abgestreiften Häute blauweiß bepudert aussehen, erliegen bei Trockenheit dem Befall. Ihre Blätter rollen sich ein und werden trocken. Bei dieser nicht wirtswechselnden Art überwintern die Eier auf den zum Samenbau stehenbleibenden Pflanzen. Die Busch- und Stangenbohnen, die Puffbohnen, aber auch Rhabarber und Tomate werden von der Schwarzen Bohnenblattlaus (*Aphis fabae* Scop.) befallen. Besonders die Bohnenpflanzen sind oft mit dichten Kolonien der Läuse besetzt, so daß die Blütenknospen und die Blüten verkümmern und abfallen. Hier handelt es sich um eine wirtswechselnde Art, deren Hauptwirtspflanzen das Pfaffenhütchen (*Evonymus*), der Schneeball (*Viburnum*) und der Falsche Jasmin (*Philadelphus*) sind. Auf dem Falschen Jasmin werden nicht nur die Wintereier abgelegt und auf ihm entwickeln sich nicht allein die Fundatrizen und Fundatrigenien, sondern der Blattlausbefall hält bis tief in das späte Frühjahr hinein an. Wahrscheinlich besteht dieser dann aus Virginogenien, die aus einer bionomisch abweichenden Form der Art stammen, die den Falschen Jasmin als Nebenwirtspflanze aufsucht. Dann würden also auf diesem Gehölz zwei unterschiedliche Läusepopulationen vorkommen. Aber auch auf den Acker- oder Puffbohnen als Nebenwirtspflanze der Schwarzen Bohnenblattlaus kann neben dieser eine ganz ähnlich aussehende, aber nicht wirtswechselnde zweite schwarze Blattlausart (*Aphis craccivora* Koch) saugen, deren ungeflügelte Sommerjungfernläuse durch ihren glänzenden und hart chitinisierten Rücken gegenüber den matten, weichhäutigen der Schwarzen Bohnenlaus auffallen. Die Grüne Pfirsichblattlaus (*Myzus persicae* Sulz.), die zahleiche Gemüsepflanzenarten als Nebenwirtspflanzen befällt, die Erbsenblattlaus (*Acyrthosiphon pisum* Harris), die Gurkenlaus (*Aphis gossypii* Glov.), die polyphag ist und wie die vorige Art ohne Wirtswechsel lebt, richten weniger Schaden durch ihre Saugtätigkeit als vielmehr durch ihre Rolle als Virusvektoren an. Dasselbe trifft zu für die erst seit einer Reihe von Jahren bei uns auftretende und sich stärker ausbreitende Zwiebellaus (*Rhopalomyzus ascalonicus* Donc.), die zuerst massenhaft an eingelagerten Zwiebeln festgestellt wurde und im Freiland und in Gewächshäusern an verschiedenen Pflanzen vorkommt. Durch unterirdische Saugtätigkeit an den Wurzeln richten lokal verschiedene Arten von Wurzelläusen an Gemüsepflanzen Schaden an. Besonders die Virginogenien der auf Pappeln häufigen Beutelgallen-Pappelblattlaus (*Pemphigus bursarius* L.) können als Salatwurzelläuse eine Wachstumsstockung und schwache Kopfbildung des Salats bedingen.

Saugschäden durch Blasenfüßer haben im Freiland für den Erbsenanbau Bedeutung. Der Erbsenblasenfuß (*Kakothrips robustus* Uz.) besaugt die Blütenknospen, Blüten und Triebe. Die Knospen öffnen sich dann nicht, die Blüten fallen ab, und die Triebspitzen vertrocknen. Sehr schlimm kann sich die Saugtätigkeit der Larven auf den Erbsenhülsen auswirken. Diese bekommen helle, silbrige Saugstellen, die später zu braunen Korkrostflekken werden. Die Hülsen bleiben taub und verkrüppeln. die glänzend-schwarzen Kotflecke der Schädlinge sind ein gutes Kennzeichen für einen Befall.

Der Bohnen- und der Gurkenanbau erleiden in trockenen, warmen Jahren oft erhebliche Verluste durch die Saugtätigkeit der Bohnenspinnmilbe (*Tetranychus urticae* Koch), einer Spinnmilbe mit sehr umfangreichem Wirtspflanzenkreis, der landwirtschaftliche und gärtnerische Kulturpflanzen im Freiland und im Gewächshaus, Gehölze sowie viele Wild- und Unkrautpflanzen umfaßt.

Auf den besogenen Blättern entstehen weiße oder gelbliche Sprenkel, vornehmlich längs den Blattadern. Unterseits leben die als winzige rote oder grünliche Pünktchen mit dem bloßen Auge noch erkennbaren Milben unter einem feinen, lockeren Gespinst. Bei Trockenheit und Wärme folgt eine Generation der anderen, und massenhaft findet man dann auf der Unterseite der Blätter die weißen abgestreiften Häute, die Eier und alle Entwicklungsstadien der Milben. Die besogenen Blätter werden grau und trocken, bei den Bohnen greift der Befall auch auf die Hülsen über, die dann wie mit Rost überzogen aussehen und abwelken. Naturgemäß findet die Spinnmilbe im Treibanbau unter Glas beste Lebensbedingungen, so daß sie hier für den Gemüse- und für den Zierpflanzenbau sehr große Bedeutung hat. Die Bohnenspinnmilbe ist auch im Obstbau an den dort zunehmenden Schäden durch „Rote Spinnen" mit beteiligt.

Der Gemüsebau unter Glas und Plasten hat es ebenfalls mit vielen der genannten Schädlinge des Freilandgemüsebaues zu tun. Unter ihnen sind die saugenden Schädlinge insofern von Bedeutung, als sie sich unter den auch für sie optimalen Bedingungen in den Gewächshäusern und Anzuchträumen kaum ohneUnterbrechung vermehren und eine Populationsdichte erreichen, die den empfindlichen, „verweichlichten" Treibpflanzen verderblich werden muß. Hinzu kommt, daß die Schädlinge in den allseits geschlossenen Kulturräumen Schlupfwinkel in Rissen, Spalten, schwer zugänglichen Stellen der Stellagen, Wände, Tische usw. finden, in denen sie auch nach dem Abtragen und Ausräumen der Kulturen eine Zeitlang überdauern können. Außerdem findet von außen her durch geflügelte Blattläuse oder durch Spinnmilben von besiedelten Freilandkulturen oder von Wild- und Unkrautpflanzen in der Nachbarschaft ständig ein neuer Zuzug statt. Die genannte Bohnenspinnmilbe als gefährlicher Schädling besonders der Bohnen- und Gurkenkulturen ist der schlimmste Feind auch der Treibgurken. Hier haben sich zur Bekämpfung die innertherapeutisch wirksamen systemischen Phosphorinsektizide bewährt, die schon gleich nach dem Auspflanzen der Jungpflanzen, sobald sie angewurzelt sind, im Gießverfahren zur Anwendung kommen müssen. Für ein später wiederholtes Gießen ist die erforderliche Karenzzeit zu beachten, um Wirkstoffrückstände im Erntegut auszuschließen. Von den akarizid wirksamen Phosphorinsektiziden sind natürlich diejenigen auszuwählen, die die Gurkenpflanzen gut vertragen und nur kurze Wartezeiten erfordern, besonders wenn ein bald abzuerntender Bestand noch behandelt werden muß. Die Spinnmilbenresistenz gegen Phosphorinsektizide verlangt einen ständigen Wechsel der Präparate mit unterschiedlichen Wirkstoffen sowie den Einsatz von Spezialakariziden, bei denen aber auch ein Wirkstoffwechsel notwendig ist. Die Mittel können im Sprüh- oder Verdampfungsverfahren ausgebracht werden.

Selbst nach gründlicher Desinfektion des Gewächshauses nach einer Treibgurkenkultur muß für den späteren Gurkenanbau immer mit Spinnmilbenbefall gerechnet werden, so daß die Bekämpfungsmaßnahmen einen unumgänglichen Bestandteil der Kulturmaßnahmen ausmachen. Wird das Gewächshaus nach einem Gurkenanbau nicht gründlich desinfiziert, besteht immer die Gefahr von Spinnmilbenschäden auch bei anderen Kulturpflanzen. — Zahlreiche Blattlausarten kommen auf Treibgemüsepflanzen vor. Es sind die als Schädlinge der Freilandkulturen bereits genannten, die auch unter Glas nicht allein durch ihre Saugtätigkeit, sondern auch als Virusvektoren schädlich werden. Die hier günstigen Bedingungen für eine Blattlausvermehrung und die Empfindlichkeit der Treibkulturen erhöhen den Schaden oft beträchtlich. — Zu den genannten saugenden Schädlingen kommen im Treibgemüsebau noch solche hinzu, die wie Schmierläuse und Mottenschildläuse aus wärmeren Regionen eingeschleppt in den Gewächshäusern eingebürgert sind und vornehmlich im Zierpflanzenbau unter Glas verderblich werden. Unter den Blasenfüßern ist es der Gewächshausblasenfuß (*Heliothrips haemorrhoidalis* Bché.), der hauptsächlich an Treibgurken Saugschäden hervorruft.

Gute Lebensbedingungen finden im Gemüsebau unter Glas die **im und am Boden lebenden Schädlinge.** Von diesen können die Wurzelgallenälchen (*Meloidogyne* sp.), die als Wurzelparasiten durch Gallenbildung und Wurzelanomalien sowie Nahrungsentzug den Treibtomaten und Treibgurken erhebliche Ertragsverluste bringen, den Boden verseuchen und schließlich diese Kulturen unmöglich machen. Auch der Treibsalat ist dann gefährdet. Mit Wurzelrückständen gelangen die Nematoden leicht in die Komposterde und ins Freiland, wo gelegentlich ein Befall an Salat und Schwarzwurzel eintreten, bei Möhren auf leichtem Boden ein erhebliches Ausmaß annehmen kann. — Gute Lebensbedingungen finden naturgemäß auch Tausendfüßer, Asseln und Nacktschnecken in den Gewächshäusern mit ihrer gleichbleibenden Luft- und Bodenfeuchtigkeit. Aussaaten und Jungpflanzen sind hier am ehesten bedroht. — Durch die geöffneten Fenster dringen von außen nicht selten Eulenfalter verschiedener Arten ein, deren Raupen als Gemüsepflanzenschädlinge im Freiland häufig vorkommen, unter ihnen das Hausmütterchen (*Triphena pronuba* L.) oder auch Schnellkäfer (*Elateridae*) oder Haarmücken (*Bibionidae*), so daß Fraßschäden durch Drahtwürmer oder Haarmückenlarven entstehen. Häufiger jedoch werden solche Larven mit Kulturerden eingeschleppt. In einem Gelände, das von der Maulwurfsgrille (*Gryllotalpa vulgaris* Latr.) besiedelt ist, dringen die Tiere auch in die Frühbeetkästen, ja in die Gewächshäuser ein und üben hier erheblichen Wurzelfraß an den Gemüsepflanzen aus oder zerstören die Pflanzen durch ihre Wühltätigkeit, wenn sie in die Anzuchten oder Jungpflanzenbestände geraten.

IV. Chemotherapie im Gemüsebau

Chemische Pflanzenschutzmittel müssen im Gemüsebau bereits bei der Aussaat zum Schutze der keimenden Samen sowie der Keim- und Jungpflanzen zur Anwendung gelangen. Das geschieht in Form einer Saatgutbeizung gegen samenübertragbare parasitische Pilze sowie gegen pilzliche Schwächeparasiten, die teils am schlecht ausgereiften Saatgut haften, teils von infizierten Anzuchterden aus zu einem Befall führen, oder als eine Bodendesinfektion, um die Kulturerde insgesamt zu entseuchen. Die Saatgutbeizung mit quecksilberhaltigen Universalbeizmitteln bringt bei den Gemüsepflanzen nur gegen wenige Krankheiten so deutliche Ergebnisse wie etwa gegen Brandkrankheiten des Getreides, da die samenübertragbaren pilzlichen Parasiten im allgemeinen im Gemüsebau auch von Pflanzenrückständen oder vom Boden aus die Keim- oder Jungpflanzen infizieren können. Es hat sich im Gemüsebau gezeigt, daß vielfach die organischen Fungizide Thiuram und Captan, auch gewisse Thiocarbamate als auflaufverbessernde Wirkstoffe für Saatgutbeizungen zweckmäßiger sind. Die fungizide Saatgutbehandlung stellt somit einen Sicherungsfaktor im Gemüsebau für gleichmäßigen Aufgang und schnelle Jugendentwicklung dar, ohne daß sie natürlich aus einem minderwertigen Saatgut ein vollwertiges machen kann, wohl aber schlecht ausgereiftes Saatgut in seiner Keimfähigkeit und Triebkraft zu verbessern vermag. Daß die Samen der Gemüsepflanzen aus den verschiedenen Pflanzenfamilien je nach Ausreifung und Sorte unterschiedliche Beizempfindlichkeiten zeigen und bei Überdosierungen unter Umständen geschädigt werden, muß der Gemüsebauer wissen. Auch im Gemüsebau hat sich die Trockenbeizung gegenüber der Naßbeizung durchgesetzt. Diese erscheint zwar wirkungsvoller bei tiefer in die Samenschale und darüber hinaus reichender Infektion, wie etwa bei den Brennfleckenpilzen der Erbse und Bohne, sie hat aber die Nachteile des Zwanges zur Rücktrocknung sowie der Samenquellungen bei den großsamigen Leguminosen oder des Verschleimens bei den Tomatensamen. Der Beizvorgang beginnt beim trockengebeizten Saatgut, wenn es in den feuchten Boden gelangt ist. Dann entsteht um den keimenden Samen eine je nach Wirkstoff offenbar unterschiedliche Zone um den keimenden Samen, in der auch eine Infektion vom Boden her verhindert wird. Ein Schutz des keimenden Samens und der Keimpflanze vor Schädlingsfraß im Boden wird erzielt, wenn man das Saatgut mit kombinierten Beizmitteln behandelt, die einen insektiziden Anteil (Lindan) enthalten, oder wenn das Saatgut mit Insektiziden aus den chlorierten Kohlenwasserstoffen bepudert oder besser noch nach Anfeuchten inkrustiert wird. Das Inkrustierungsverfahren hat sich als sichere Maßnahme gegen bestimmte Gemüsefliegenmaden, wie Zwiebel-, Möhren-, Rettich- und Kohlfliege, erwiesen, allerdings mit der Einschränkung, die sich im Hinblick auf mögliche Insektizidrückstände am Erntegut ergibt. Nicht inkrustiert werden soll bei Frühmöhren, Frührettichen und Radieschen (s. S. 124).

Die genannten Insektizide eignen sich in Spezialformulierungen als Streu- oder Gießmittel in verschiedenen Anwendungsverfahren zur Bekämpfung von Schädlingen, die die Gemüsepflanzen vom Boden aus befallen oder als Schädlinge der unterirdischen Pflanzenteile auftreten. Dazu gehören neben den eigentlichen Bodenschädlingen, wie Engerlingen, Drahtwürmern, Haarmücken- und Wiesenschnackenlarven, Erdraupen, die Larven von Gemüsefliegen, von Rüsselkäfern und Flohkäfern, aber auch solche, die nur vorübergehend zur Verpuppung oder Eiablage den Boden aufsuchen. Man kann die Insektizide zusammen mit der Aussaat vor- oder beidrillen, sie rings um die Setzlinge dem Boden aufstreuen oder ihn damit angießen, eine Pflanzloch- oder Streifenbehandlung durchführen, den Wurzelballen der Setzlinge tauchen oder notfalls eine Flächenbehandlung, unter Umständen durch Ausstreuen mit Handelsdüngern, vornehmen. Es besteht ferner die Möglichkeit, die Kulturerden vor der Aussaat oder Bepflanzung mit solchen Insektiziden zu behandeln.

Bekämpfungsmöglichkeiten gegen bodenbürtige pilzliche Krankheitserreger eröffnen auch Anwendungsverfahren mit bestimmten Fungiziden, wie Quecksilber-Naßbeizmittel, Formaldehyd, Chlornitrobenzole, Thiocarbamate oder Captan, die man als Gieß- oder Streumittel zur örtlichen Desinfektion in Anzuchten und Jungpflanzenbeständen oder zur Pflanzlochentseuchung verwendet oder mit denen man die Anzucht- und Kulturerden durchmischt.

Im Gemüsebau interessieren ferner zur Bodenentseuchung eine Anzahl Wirkstoffe, die in ihrer Gas- oder Dampfphase eine komplexe Wirksamkeit als Fungizide, Insektizide, Nematizide, Herbizide und teilweise auch Bakterizide entfalten. Es handelt sich um Wirkstoffe die im Boden eine schnelle Umwandlung erfahren, gasförmig den Boden durchdringen, giftig sind und nach bestimmten Anwendungsvorschriften ausgebracht werden müssen. Durch Bedeckung des behandelten Bodens mit Planen, durch Einbringen mittels Injektoren oder durch Bewässern („Wassersiegel“) sollen die Gase im Boden möglichst lange gehalten werden. Vor dem Bepflanzen der entseuchten Fläche sind für jeden Wirkstoff bestimmte Karenzzeiten einzuhalten oder ist mittels Testpflanzen (Kresse, Salat) auf Phytotoxizität zu prüfen. Die Anwendung solcher Bodenentseuchungsmittel ist kostspielig, erfordert geschulte Kräfte und ist auf Spezialfälle, vornehmlich im Treibgemüsebau, beschränkt. Neben dem altbekannten Schwefelkohlenstoff, der für eine allgemeine Anwendung zu explosiv und zu teuer ist, sind Dazomet, Vapam, Methylbromid gebräuchlich.

Im Gartenbau tritt die chemische Bodenentseuchung gegenüber der Bodendämpfung zurück, wenngleich das Dämpfverfahren recht arbeitsaufwendig ist. Die Boden- oder Erddämpfung aus Niederdruckdampferzeugern tötet pilzliche, bakterielle und tierische Lebewesen ab und zerstört auch die Unkrautsamen. Von den Mikroorganismen werden aber nicht nur die pflanzenpathogenen angegriffen, sondern auch die für die Bodengare wichtigen, die Stickstoffbakterien und andere sowie nützliche Kleinlebewesen als Feinde der Schädlinge geschädigt. Der Boden wird hierbei auch chemischen und physikalischen Veränderungen ausgesetzt. Diese beeinträchtigen die Bodenstruktur aber nur vorübergehend, die nicht pflanzenpathogene Kleinlebewelt erholt sich schnell, so daß viele Gemüsepflanzen auch frischgedämpfte Erde ohne Wachstumsschädigungen ertragen. Kompost- oder Erdhaufen werden zweckmäßig unter Verwendung von Dränröhren gedämpft. Zum Dämpfen von Kulturflächen, etwa in Gewächshäusern, benutzt man Dämpfkappen oder -eggen, Dämpfroste oder -gabeln, die in den Boden gedrückt oder gelegt und während des Dämpfens mit Planen zugedeckt werden.

Für die Bestandsbehandlungen im Spritz-, Sprüh- und Stäubeverfahren sind die allgemein im Pflanzenschutz üblichen fungiziden und insektiziden Wirkstoffe im Gemüsebau brauchbar. Bei schnellwüchsigem und nach kurzer Wachstumszeit erntefähigem Blattgemüse sowie bei Fruchtgemüse sollen stets Wirkstoffe mit schneller Anfangswirkung und geringer Stabilität den Vorrang genießen, um die Gefahr von Pflanzenschutzmittelrückständen auf und im Erntegut auszuschließen. Diese Vorsicht ist ganz allgemein im Gemüsebau beachtlich, besonders auch in der Treiberei und bei Behandlungen, die zwangsläufig recht nahe an den Erntetermin kommen. Pflanzenschutzmittelanwendungen aber möglichst weit ab von diesem Termin vorzunehmen, muß das Bestreben im Gemüsebau überhaupt sein, wobei jedoch solche Einschränkungen für das Wurzelgemüse, für Spargelbestände und andere kaum bestehen. Die Auswahl der Wirkstoffe und Präparate muß im Gemüsebau schließlich auch danach getroffen werden, ob eine Qualitätsverschlechterung des Erntegutes etwa durch zu starke Verschmutzung, durch Beeinträchtigung von Geschmack oder Aroma des Gemüses zu befürchten ist. Beim Gemüsebau unter Glas sind diese Vorbehalte unter den in Gewächshäusern und Frühbeetkästen herrschenden Temperatur- und Feuchtigkeitsverhältnissen besonders beachtlich, auch wenn hier mit Räucher- und Begasungsmitteln oder im Nebelverfahren gearbeitet wird.

Köder- und Anlockmittel oder auch Abschreckmittel, die zwischen die Pflanzenreihen oder so im Gemüsebestand ausgestreut oder angewandt werden, daß die Ködergifte oder chemischen Stoffe mit den Gemüsepflanzen nicht in Berührung kommen, sind natürlich für den Verzehr des Gemüses ungefährlich. Metaldehyd-Streuköder gegen Schnecken, Kleiegiftköder gegen Erdraupen, Maulwurfsgrillenköder mit Zinkphosphid sind auch im Gemüsebau anwendbar.

D. Pflanzenschutz im Zierpflanzenbau

Eine schwer übersehbare Fülle von Pflanzenarten aus fast allen Pflanzenfamilien wird als Zierpflanzen genutzt. Der Freilandanbau verwendet Laub- und Nadelgehölze, perennierende Stauden und Einjahrsgewächse, die, in Baumschulen und Gartenbaubetrieben herangezogen, in die Gärten, Parks und sonstige Anlagen gelangen. Unter Glas in Kalt- oder Warmhäusern werden viele Blatt- oder Blütenpflanzen als Topfpflanzen kultiviert, um als Zimmer- und Balkonpflanzen oder zur Ausschmückung weitere Verwendung zu finden, zahlreiche Blütenstauden dienen auch der Schnittblumengewinnung. Viele Zierpflanzen sind heimische Arten, viele stammen aus anderen Ländern mit klimatischen Bedingungen, die den unsrigen ähneln, viele aber sind aus Erdteilen und überseeischen Gebieten eingeführt und vertragen bei uns nur einen Anbau in Gewächshäusern, als Zimmerpflanzen oder in einer Kultur im Freien an bevorzugtem Standort. Die Züchtung hat es verstanden, aus den ursprünglichen Arten Sorten heranzuziehen, die entweder durch ihre Schönheit oder Wüchsigkeit als Zierpflanzen begehrter geworden oder im Anbau wirtschaftlicher sind, weil sie sich an unsere Umweltbedingungen besser anpassen.

Die Gartenbaubetriebe, die sich mit der Zierpflanzenzucht zur Abgabe für die Weiterkultur der Pflanzen in den Gärten, als Zimmer- oder Balkonpflanzen befassen, pflegen, unbeschadet einer gewissen Beschränkung, zahlreiche Zierpflanzenarten der Gehölze oder Stauden heranzuziehen und zu betreuen. Betriebe aber, die auf die Schnittblumengewinnung unter Glas ausgerichtet sind oder die aus Massenanzuchten bestimmte Zierpflanzen an andere Gartenbaubetriebe vermitteln, haben sich zu Spezialbetrieben entwickelt und verfügen in der Anzucht und Pflege der Spezialkulturen über Kenntnisse und Erfahrungen vieler Jahre. Die Spezialbetriebe für die Kultur von Rosen im Freiland und unter Glas, Moorbeetkulturen, für die Kultur von Gewächshausnelken, Cyclamen, Farnen, Kakteen, Orchideen und die Blumenzwiebel- und Gladiolenvermehrung im Freilandgroßanbau sind hier zu nennen. Hinzukommen als Spezialgebiete die Blütentreiberei der Gehölze, etwa Flieder, oder die Treiberei von Blumenzwiebeln und Maiblumen.

Das Aufgabengebiet des Pflanzenschutzes im Zierpflanzenbau ist entsprechend der Vielzahl der Zierpflanzenarten und ihrer unterschiedlichen Kulturansprüche sehr umfangreich und vielgestaltig. Dementsprechend gibt es zahlreiche Arten der parasitären Krankheitserreger und Schädlinge. Zu den einheimischen Parasiten und Schädlingen, teils allgemein im Gartenbau und in der Landwirtschaft auftretenden polyphagen teils an einzelne Zierpflanzenarten angepaßten monophagen Arten, kommen in den Kulturen unter Glas manche mit den Kulturpflanzen ursprünglich eingeschleppte Schädlinge, die sich im Laufe der Zeit in unseren Gewächshäusern eingebürgert haben und hier auch zu den schwer bekämpfbaren Schädlingen gehören. Die in enger Anbaufolge der Spezialkulturen intensive und einseitige Bodennutzung begünstigt die Verseuchung des Bodens und der Kulturerden mit bestimmten bodenbürtigen bakteriellen und pilzlichen Krankheitserregern und mit Bodenschädlingen. Unter diesen spielen im Zierpflanzenbau die Nematoden eine sehr beachtliche Rolle.

Abb. 18. Lindan-Schaden am Gewächshausfarn

Fehler in Anzucht und Kultur der Zierpflanzen kommen bei der Vielzahl der Pflanzenarten und ihren unterschiedlichen Ansprüchen an die Kultur und die daraus entwickelten Kulturverfahren recht häufig vor. Ebenso wirken sich oft genug schädliche Einwirkungen von Standort und Umwelt auf die empfindlichen Pflanzenarten aus. Das bedeutet, daß nichtparasitäre Erkrankungen bei Zierpflanzen verbreitet auftreten. Trieb- und Spitzendürren nach typischen Verfärbungen der Blätter der Laubgehölze, Braunfärbung und Abfallen der Nadeln der Koniferen, Chlorosen und andere Blattverfärbungen der Topfpflanzen rühren häufig von ungünstigen Temperatureinwirkungen, nicht zusagenden Kulturerden, von Bewässerungs- oder Gießfehlern, von versauernder Erde her. Fehlerhafte Maßnahmen in der Blumentreiberei oder während ihrer Kultur bewirken ein Umfallen der Tulpen, Sitzenbleiben der Hyazinthenblüten, Ablösen ihrer jungen Blütenstände, Verkümmern der Maiblumenblüten oder ein Abstoßen der Blütenknospen bei Kamellien und Treibrosen.

Bei Anwendung chemischer Pflanzenschutzmittel muß im Zierpflanzenbau wegen der Empfindlichkeit zahlreicher Zierpflanzenarten und der oft unterschiedlichen Verträglichkeit ihrer Sorten, besonders in Warmhauskulturen, grundsätzlich mit großer Vorsicht gearbeitet werden (Abb. 18). Es ist immer zweckmäßig, besonders aber bei Verwendung eines neuen Wirkstoffes oder Präparates, die Verträglichkeit der Pflanzenart und der zu behandelnden Sorte an wenigen Pflanzen vorher zu testen. In Warmhauskulturen sollte das bei intensiv wirksamen Insektiziden, etwa gegen die schwer bekämpfbaren Schild- und Schmierläuse, die Regel sein. Ebenso muß nach einer chemischen Bodenentseuchung das Freisein des Bodens von schädlichen Pflanzenschutzmittelrückständen durch Testpflanzen vor dem Bepflanzen nachgewiesen werden. Der Zierpflanzenbau braucht für seine Kulturen Pflanzenschutzmittel, die die Pflanzen möglichst wenig verschmutzen und die auch leicht abwaschbar sind. Räucher-, Begasungs- und Nebelmittel bieten sich daher für Gewächshauskulturen vorteilhaft an. Pflanzenschutzmittelrückstände auf den Pflanzen sind im Zierpflanzenbau weniger aus hygienischen Gründen als vielmehr aus ästhetischen Gründen unerwünscht.

I. Viruskrankheiten der Zierpflanzen

Im Zierpflanzenbau gibt es entsprechend der Vielzahl der Arten zahlreiche Viruskrankheiten. Ihre Symptome sind Vergilbungen, Mosaikscheckungen, Weiß- oder Buntstreifigkeit, Ringfleckigkeit oder nekrotische Fleckkungen auf Blättern und Blüten, Kräuselkrankheiten und Blütenvergrünungen. Diese Krankheitserscheinungen sind je nach Empfänglichkeit und Empfindlichkeit der Arten und Sorten und je nach Beeinflussung durch Umweltbedingungen mehr oder minder deutlich ausgeprägt. Nicht selten ist ein Virus in einer Zierpflanze latent vorhanden, aber auch bei starker Düngung der Zierpflanzen kann die Symptomausbildung unterdrückt werden.

Für zahlreiche bei Zierpflanzen festgestellte Virosen sind die Symptome beschrieben und die Virusnachweise durch Infektionsversuche erbracht, z. B. beim Hyazinthenmosaik, Narzissenmosaik und Hortensienmosaik, ohne daß jedoch bisher geklärt ist, welche und wieviele Viren die Viruskrankheiten hervorrufen. Wahrscheinlich handelt es sich um die gleichen Viren, die an anderen landwirtschaftlichen und gärtnerischen Kulturpflanzen verbreitet auftreten. Nachgewiesen sind das Gurkenmosaikvirus als Erreger von Mosaikkrankheiten bei Dahlien, Gladiolen, Lilien, das Gelbmosaikvirus der Buschbohne bei Gladiolen und Freesien, das Tabakmauchevirus bei Tulpen und Hyazinthen. Winterharte Blütenstauden, Dahlien, Gladiolen enthalten oft solche Viren, sie sind Winterwirtspflanzen für sie, dabei nicht selten latente Träger der Viren. Von ihnen aus können sich die Viren meist durch Vektoren ausbreiten. So erklärt es sich, daß bestimmte Viruskrankheiten, etwa die durch das Gurkenmosaikvirus hervorgerufenen, am ehesten in der Nachbarschaft gärtnerischer Anlagen an landwirtschaftlichen Kulturpflanzen und an Gemüsepflanzen auftreten.

Manche als buntblättrige Varietäten im Zierpflanzenbau geführte Laubgehölze sind nicht, wie früher angenommen, physiologisch oder genetisch bedingte Veränderungen, sondern als viruskranke Exemplare der Normalformen nachgewiesen. Die Krankheitssymptome treten als Mosaikzeichnungen auf, unter denen Gelbfärbungen der Blattadern offenbar immer virusbedingt sind. Die Chlorophyllstörungen werden mitunter auch von Kräuselungen begleitet. Eine Gehölzart kann von verschiedenen Viren infiziert werden, auch kommen Mischinfektionen vor. Die Viren können ferner in Ziergehölzen symptomlos bleiben. Als wichtige Erreger von Virosen der Ziergehölze, so für das Schneeballmosaik, für Mosaikerkrankungen am Efeu und Seidelbast, ist das blattlausübertragbare Luzernemosaikvirus erkannt und wird für weitere Gehölzarten vermutet. Aber auch das für die Zierstauden so beachtliche Gurkenmosaikvirus kommt in Ziergehölzen vor. Es ist in bogenmosaikkranken Goldjohannisbeerbüschen nachgewiesen worden. Häufig werden Ziergehölze vom boden- und nematodenübertragbaren *Arabis*-Mosaikvirus befallen. Das Virus ist in unterschiedlichen Stämmen als Erreger der Gelbnetzkrankheit der Forsythie erkannt worden, aus kräuselmosaikkrankem Liguster und gelbsüchtigem Alpen-Goldregen wurde es ebenfalls isoliert.

Die vegetative Vermehrung der Zierpflanzen begünstigt die Virusausbreitung. Das ist für den Inlandanbau und auch für den Export sehr beachtlich und erfordert die sorgfältige Kontrolle der Vermehrungs- und Exportbetriebe. Die Virusübertragung ist durch Stecklinge, Rhizome, Sproßknollen, Brutzwiebeln und durch Pfropfung leicht möglich, daneben spielt die mechanische Übertragung beim Rückschnitt oberirdischer Pflanzenteile oder der Wurzeln, beim Stecklingsschnitt und überhaupt bei Kulturmaßnahmen oder die Übertragung über den Boden eine Rolle. Als Vektoren sind für bestimmte Viren Blattläuse, etwa bei Chrysanthemen, Dahlien, Gladiolen, Freesien, Hyazinthen und anderen Blumenzwiebelgewächsen, Pelargonien, Nelken, oder Zikaden, etwa bei Astern, und Schildläuse, beispielsweise bei Warmhauspflanzen, nachgewiesen. Für bodenübertragbare Viren sind freilebende Nematoden (*Longidorus, Trichodorus, Xiphinema*) als Vektoren bedeutungsvoll.

Der Virusnachweis erfolgt im Zierpflanzenbau vornehmlich an empfindlichen Indikatorsorten, seltener an artfremden Testpflanzen. Gute Aussichten für eine sichere Diagnose der bei den Zierpflanzen vorkommenden Viren eröffnet bei den Virusarten, die genügend beständig sind und in der kranken Pflanze in ausreichender Konzentration vorkommen, der serologische Virusnachweis.

Zur Vermeidung oder Unterdrückung der Viruskrankheiten im Zierpflanzenbau kommt den pflanzenhygienischen Maßnahmen die größte Bedeutung zu. Eine ständige Gesundheitskontrolle der Kulturen und das Unterlassen der vegetativen Vermehrung kranker Bestände sind besonders wichtig. Meristemkultur findet bei manchen Arten (Chrysantheme, Nelke) bereits Anwendung. In der Bekämpfung der saugenden Insekten als Vektoren besteht im Zierpflanzenbau durchaus eine Möglichkeit, die Virusausbreitung zu hemmen, doch hängt der Erfolg natürlich von der rechtzeitigen und wiederholten Anwendung der Insektizide ab.

II. Bakterielle und pilzliche Krankheiten im Zierpflanzenbau

Auch im Zierpflanzenbau gibt es im Vergleich zu den pilzparasitären Erkrankungen nur wenige **Bakteriosen**, die bei bestimmten Kulturen beträchtliche Verluste hervorrufen können. Von den an Zierstauden als bakteriellen Ursprungs nachgewiesenen Blattfleckenkrankheiten kommen auch einige bei uns besonders an Pflanzen aus anderen Erdteilen in Gewächshauskulturen zuweilen vor, ohne jedoch eine allgemeine Bedeutung erlangt zu haben. Eine Ausnahme bildet die zu den Quarantäneobjekten zählende Ölfleckenkrankheit der Begonie (*Xanthomonas begoniae* [Takim] Dowsen), bei der auf den Blättern durchscheinende Flecke entstehen, die zum Absterben der Blätter führen. Im Freiland tritt auffällig eine Schwarzfleckenkrankheit des Rittersporns (*Pseudomonas delphinii* [E. F. Sm.] Stapp) auf, für die eine ganze

Reihe von Sorten anfällig ist. Regellos über die Blattspreite verteilt, entstehen schwarze, eckig gestaltete und von Blattadern begrenzte Flecke bis zu 2 cm Größe. Die Flecke können auf Stengel und Blütenstände übergreifen, sie gefährden nicht nur das Wachstum der Stauden, sondern machen sie auch unansehnlich. Andere wichtige Bakteriosen zeigen Symptome von Naßfäulen der unterirdischen Pflanzenteile und von Braunverfärbungen der Blätter mit nachfolgendem Vertrocknen oder Verfaulen. Die bekannten Erreger der Schwarzbeinigkeit und Naßfäule der Kartoffeln (*Erwinia phytophthora* [Appel] Holland) und von Weichfäulen an Wurzeln und Rüben der Gemüsepflanzen (*E. carotovora* [Jones] Holland. *E. aroideae* [Towns.] Holland) rufen auch an den Rhizomen der Iris Naßfäule und Blattschäden hervor. Die genannten Erreger von Weichfäulen bewirken ferner an der Calla wäßrige Faulstellen an Wurzeln und Knollen, die sich allmählich in die Blatt- und Blütenstiele ausbreiten und die ganze Pflanze zum Absterben bringen. In Gladiolenkulturen kommt nicht selten an den Knollen ein bakterieller Lackschorf (*Pseudomonas marginata* [McCull] Stapp) vor, der die Blattbasen zum Abfaulen bringt und die ganze Pflanze zerstört. Von internationaler Bedeutung ist der Gelbe Rotz oder die Gelbfäule der Hyazinthen (*Xanthomonas hyacinthi* [Wakker] Dowsen), bei der das Gewebe der Hyazinthenzwiebel in eine gelbe schleimige, übelriechende Masse verwandelt wird. Befallene Hyazinthenzwiebeln sind äußerlich zunächst nicht von gesunden zu unterscheiden, sie fühlen sich erst bei fortgeschrittener Zersetzung im Innern weich an. Daher ist eine Ausbreitung und Verschleppung des Krankheitserregers mit Zwiebelsendungen für die Hyazinthentreiberei leicht möglich. Die Bakterien verursachen hier durch das Sitzenbleiben, Umknicken und Verfaulen der Blütensprosse erhebliche Ausfälle. Der Gelbe Rotz der Hyazinthen gehört zu den Krankheiten, gegen die sich die Quarantänebestimmungen der einzelnen Staaten richten, um seine Einschleppung zu verhindern, und deren Bekämpfung auch durch strenge Maßnahmen bei der Anzucht der Pflanzen im Freiland gefordert wird. Eine bakterielle Triebfäule des Flieders (*Pseudomonas syringae* van Hall) kann besonders bei *Syringa vulgaris* L. im Frühsommer im Freiland, häufiger aber in der Fliedertreiberei durch Abknicken und Welken der Triebe sowie durch Fleckenbildungen auf den Blättern recht schädlich werden. Anfangs zeigen sich auf der Rinde der Zweige dunkle eingesunkene Stellen, die später rindenbrandartig oder krebsig werden. Die Bakterien scheinen hauptsächlich an frostgeschädigtem Flieder vorzukommen. Das Bakterium der im Kohlanbau gefürchteten Adernschwärze oder Schwarzadrigkeit (*Xanthomonas campestris* [Pamme] Dowsen) ruft auch eine Welke der Levkoje hervor. Auch hier entstehen dunkle Verfärbungen der Blattadern. Die Pflanzen vergilben, welken oder knicken um. Von Bedeutung ist eine Nelkenbakteriose (*Pseudomonas caryophylli* Starr et Burkholder), die zu Mißbildungen und Welke führt und durch Stecklinge verbreitet wird. Der bakterielle Erreger des Wurzelkropfes der Obstbäume (*Agrobacterium tumefaciens* [Sm. et Towns.] Conn.) ruft auch Krebswucherungen an Dahlien hervor. Die Tumoren treten an den Wurzeln, am Wurzelhals oder am Stengelgrund auf. Mehr oberirdisch am Wurzelhals und höher hinauf am Stengel kommen solche Tumoren bei *Chrysanthemum frutescens* L. vor. Ähnliche, aber mehr in Form von Verbänderungen der Sprosse gestaltete Wucherungen verursacht ein anderes, an vielen Pflanzen vorkommendes Bakterium (*Corynebacterium fascians* [Tilford] Dowsen) bei *Chrysanthemum indicum* L.

Unter den **Mykosen** im Zierpflanzenbau sind die pilzparasitären Anzuchtkrankheiten, hervorgerufen durch **„Vermehrungspilze“** als Erreger des Umfallens der Keim- oder Jungpflanzen, von Wurzelbrand oder Schwarzbeinigkeit, die auch für die Gemüsepflanzenanzuchten so bedeutungsvoll sind (s. S. 118), nicht nur für die Anzucht und Vermehrung der Zierstauden, sondern auch der Ziergehölze sehr zu beachten. Die Pilze bringen besonders bei der Anzucht aus Samen, mit denen sie übertragen werden, aber auch in jeder vegetativen Vermehrung durch Trieb- oder Blattstecklinge Verluste. Hauptquellen für eine Infektion der Pflänzchen oder Austriebe stellen verseuchte Erde oder für die Anzucht benutzte Gegenstände dar. Keimpflanzen aus schnell keimenden Samen entwachsen dem kritischen Stadium rasch. Sind jedoch an schlecht ausgereiften Samen Keimfähigkeit und Triebkraft gering und ist damit das Wachstum der jungen Pflanzen gehemmt oder handelt es sich um Pflanzenarten mit an sich langer Keimruhe und Keimdauer der Samen, wird die Gefahr eines Befalls größer. Die Vermehrungspilze sind insofern fakultative Parasiten, als sie durch ungünstige Wachstumsbedingungen geschwächte Pflanzen am ehesten angreifen und von solchen Infektionsstellen aus der Befall schnell fortschreitet. In der lichtarmen temperaturungünstigen Jahreszeit herangezogene oder allgemein zu feucht gehaltene Kulturen erkranken besonders leicht.

Der überall vorkommende **Grauschimmelpilz** (*Botrytis cinerea* Pers.) ist im Zierpflanzenbau ein recht lästiger Schwächeparasit. Im Freien tritt er in feuchten Jahren verbreitet auf, im Gewächshaus und im Frühbeet findet er immer die ihm zusagende hohe Luftfeuchtigkeit. Er besiedelt mit seinem mausgrauen, lockeren Schimmelrasen zuerst absterbende oder abgestorbene Pflanzenteile, greift dann auf lebende und gesunde über und gerät schließlich auch in die Anzuchten. Werden pflanzliche Abfälle nicht regelmäßig aus dem Gewächshaus entfernt, können sie zu ständigen Infektionsherden werden, von denen aus besonders Pelargonien, Cyclamen, Primeln und andere Blüten- und Blattpflanzen heimgesucht werden. Der Zierpflanzenbau hat es aber nicht allein mit dieser überall vorkommenden Grauschimmelpilzart zu tun, sondern auch noch mit einigen anderen parasitischen Arten. Der Tulpen-Grauschimmelpilz (*Botrytis tulipae* [Lib.] Lind) bewirkt ein schwaches Wachstum der Freilandtulpen (Abb. 19), ruft zerfetzte und durchlöcherte Blätter, verkümmerte Blütenknospen und ein Steckenbleiben der Triebe besonders an Beständen hervor, die jahrelang nicht umgesetzt worden sind. Er hat für den Vermehrungsgroßanbau Bedeutung, kann aber auch, mit den Zwiebeln übertragen, die Treibtulpen erheblich schädigen. Ursache für ein Verfaulen der Triebe, die kaum

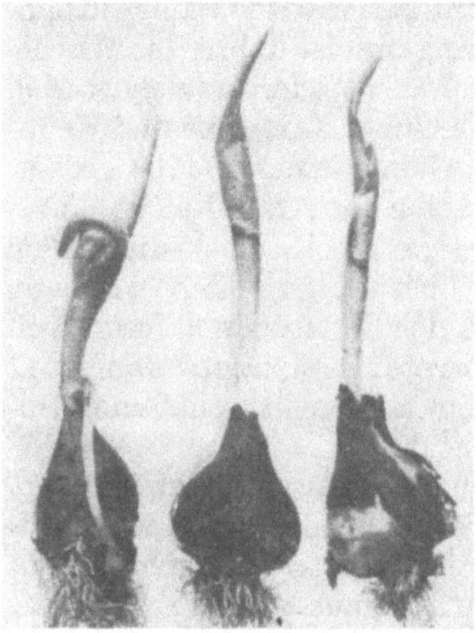

Abb. 19. Infolge Grauschimmelpilzbefall schlecht ausgetriebene Tulpen

aus dem Boden herauskommen, bildet die Grauschimmelfäule der Schneeglöckchen (*B. galanthina* [Berk. et Br.] Sacc.). Der Pilz befällt auch die Zwiebeln und entwickelt hier massenhaft seine Sklerotien. Eine Grauschimmelkrankheit der Pfingstrosen (*B. paeoniae* Oud.) führt zu einer Stengelgrundfäule und zum Abfaulen der Blütenknospen. Der Pilz kommt auch in Maiblumenbeständen vor und führt hier dazu, daß die Stengel am Grunde abfaulen und umknicken. In der Maiblumentreiberei läßt der Grauschimmelpilz auch Faulflecke auf den Blütenstengeln entstehen. Eine Rhizom-Trockenfäule der Iris (*B. convoluta* Wke. et Dray.) sowie *Botrytis*-Erkrankungen bei Narzissen (*B. narcissicola* Kleb.), Gladiolen und

Freesien (*B. gladiolorum* Timm.) können ebenfalls schweren Schaden anrichten.

Erreger von **Welke-** und **Fußkrankheiten** sind die gleichen Pilzarten wie im Gemüsebau (S. 117). *Fusarium*-Welken, ausgehend von einem Befall des Wurzelhalses oder Stengelgrundes, die sich dunkel verfärben, in Zersetzung übergehen und alsbald vom weißen Pilzmyzel bedeckt sind, haben Bedeutung für Astern, Nelken, Azaleen, Gladiolen, Blumenzwiebeln und andere. Bei Cyclamen ist es der Pilz *Thielaviopsis basicola* [Berk. et Br.] Ferr. Der Wirtelpilz (*Verticillium albo-atrum* Rke. et Barth), der in den Leitungsbahnen wuchert und sie verstopft, ruft Welkekrankheiten bei Stauden, wie Chrysanthemen, Löwenmaul, Lupinen, Phlox, Dahlien, oder bei Gehölzen, wie Flieder, Rose, Rhododendron, hervor. Nach einer Verseuchung des Bodens mit Sklerotien kommt es bei Zierpflanzen mit dickeren Stengeln, wie Dahlien, Zinnien und Rittersporn, zur *Sclerotinia*-Stengelfäule (*Sclerotinia sclerotiorum* [Lib.] Mass.) mit nachfolgendem Welken. Die Pflanzenstengel enthalten dann das weiße watteartige Myzel des Pilzes und später in ihm die schwarz werdenden festen Sklerotien. Mit solchen harten Dauerkörpern überdauert auch der pilzliche Erreger einer Trockenfäule der Gladiolen und Freesien (*Stromatinia* = *Sclerotinia gladioli* [Drayt.] Whetz.), der die Blätter vergilben und absterben läßt und bei einem starken Auftreten die Knollen zerstört. Bei den Tulpen im Freilandanbau und in der Treiberei tritt eine ähnliche Krankheit (*S. tuliparum* Kleb.) auf. Der Erreger befällt auch die anderen Blumenzwiebeln, er wird mit Zwiebelsendungen sehr leicht verschleppt und unterliegt daher den Quarantänebestimmungen für den Handel mit Blumenzwiebeln.

Blattflecke erregende Pilze sind im Zierpflanzenbau bei Stauden und Gehölzen weitverbreitet. Sie gehören zu Gattungen der *Fungi imperfecti*, die auch sonst an landwirtschaftlichen und gärtnerischen Kulturpflanzen häufig vorkommen. Bei den zahlreichen, besonders den nicht einheimischen Zierpflanzenarten sind sehr viele spezifische Arten der Pilze beschrieben, deren Identifizierung in der Regel nach der Wirtspflanze vorgenommen wird. Als Beispiele sind für oft schwer geschädigte Wirtspflanzen zu nennen: Chrysanthemen, Azaleen, Gladiolen durch *Septoria*, Löwenmaul, Begonien, Rosen durch *Phyllosticta*, Rosen, Myrthe, Reseda durch *Cercospora*, Chrysanthemen durch *Ascochyta*, Primeln durch *Ramularia*, Narzissen, Iris, Nelken durch *Heterosporium*, Maiblumen, Cyclamen, Orchideen, Platanen, Linden durch *Gloeosporium*. Bei den Nadelhölzern haben Schüttepilze, die nach Flekkenbildungen zum Abfallen der Nadeln führen, bei Kiefern (*Lophodermium pinastri* Cher.) und bei der Douglasie (*Rhabdocline pseudotsugae* Syd.) große Bedeutung. Bei den Rosen führt der Sternrußtau (*Marssonina rosae* Lib.) durch eine Schwarzfleckigkeit der Blätter zum Vergilben und frühzeitigen Abfallen, besonders wenn naßkaltes Wetter die Rosen im Wachstum hemmt.

Falsche Mehltaupilze, im Auftreten durch Feuchtigkeit begünstigt, kommen an zahlreichen Zierpflanzen vor. Sie sind Erreger von Fußkrankheiten oder Triebschäden, wie etwa die polyphage auch im Obstbau schädliche Art (*Phytophthora cactorum* Leb.) bei Kakteen und Lilien oder eine andere Art (*P. syringae* Kleb.), die am Treibflieder den Knospenaustrieb verhindert und Triebe wie Blütenstände verkümmern läßt, oder sie erzeugen bleiche Blattflecke, auf deren Unterseite sich spärlicher Pilzrasen entwickelt, etwa bei Rosen, besonders Treibrosen (*Peronospora sparsa* Berk.) oder beim Goldregen (*P. cytisi* Rostr.) oder an Levkojen (*P. matthiolae* Gäum.). Die befallenen Blätter rollen oder krümmen sich und fallen ab.

Der weiße mehlartige Belag **Echter Mehltaupilze** tritt bei zahlreichen Zierpflanzenarten auf, deren Sorten allgemein eine unterschiedliche Anfälligkeit für den Pilz erkennen lassen. Der Züchtung ist es gelungen, mehltauresistente Sorten herauszubringen, wie beim Rittersporn, der in manchen Jahren von einer auf Gemüse- und Wildpflanzen verbreiteten Art (*Erysiphe polygoni* DC.)

schwer heimgesucht wird. Auch bei den Rosen hängt das Auftreten des Rosenmehltaus (*Sphaerotheca pannosa* [Wallr.] Lev. var. *rosae* Gor.) in hohem Maße von den Sorten, außerdem aber auch vom Standort ab, indem auf trockenem, magerem Boden die Anfälligkeit steigt. Rankrosen gelten als anfällig, doch gibt es auch bei ihnen resistente Sorten. Allgemein scheinen Edelrosen gegen den Pilz widerstandsfähiger zu sein als wurzelechte und erweisen sich Treibrosen als recht empfänglich. Von mehreren Zierpflanzen ist nur die *Oidium*-Form eines Mehltaus bekannt, so von Chrysanthemen (*Oidium chrysanthemi* Rab.), Hortensien (*O. hortensiae* Joerst.), Heidekraut (*O. ericinum* Erikss.), Japanischem Spindelbaum (*O. japonici* Sacc.). Zu erwähnen ist schließlich der Eichenmehltau (*Microsphaera quercina* [Schw.] Burr.), der den Johannistrieb der Eichen in den meisten Jahren sehr stark befällt. Dadurch reifen die Triebe oft nicht aus und erfrieren im Winter, Bekanntlich sind Echte Mehltaupilze mit Schwefelmitteln und Spezialfungiziden bekämpfbar, doch bietet ihnen die Überwinterung als Myzel in Knospen (Rose, Eiche) oder mit den widerstandsfähigen Perithezien guten Schutz.

Auch für das Auftreten von **Rostpilzen** an Zierpflanzen ist häufig die unterschiedliche Sortenanfälligkeit der Pflanzen charakteristisch, so daß es eine gute Hilfe beim Vermeiden von Rostbefall bedeutet, wenn man nicht so anfällige oder resistente Sorten in Lagen verwendet, die den Pilzen günstig sind. Ferner ist die Bekämpfung von Rostpilzen, wenigstens so weit es sich um Uredo- und Teleutolager handelt, mit Fungiziden nicht mehr so problematisch wie früher, nachdem sich Thiocarbamate, auch in Kombinationen mit Schwefelmitteln, sowie systemfungizide Oxathiinderivate als recht wirksam gegen manche Rostpilze erwiesen haben. Das trifft beispielsweise zu für die Bekämpfung des nicht wirtswechselnden Löwenmaulrostes (*Puccinia antirrhini* Diet. et Holw.). Nicht wirtswechselnd ist auch der häufige Rost der Malven und Stockrosen (*P. malvacearum* Mont.). Beim verbreiteten Rost auf *Chrysanthemum indicum* (*P. chrysanthemi* Roze), der vornehmlich in der Uredoform, ganz selten in Teleutolagern auftritt, ferner beim Weißen Chrysanthemenrost (*P. horiana* Henn.) und beim Rosenrost (*Phragmidium subcorticium* [Schr.] Wint.) ist die unterschiedliche Sortenanfälligkeit stark ausgeprägt. Widerstandsfähig sind gegenüber dem letzteren im allgemeinen Polyantha- und Rankrosen, Tee- und Monatsrosen. Ausreichende Kalidüngung erweist sich als rosthemmend, zu dichter Stand der Rosen und feuchte Lage als fördernd. Der an sich wirtswechselnde Nelkenrost (*Uromyces caryophyllinus* [Schrb.] Wint.), dessen Aecidien auf *Euphorbia gerardiana* Jacq. vorkommen, vermag sich auf Nelken, auch auf Bartnelken ohne Wirtswechsel fortzupflanzen, was besonders für die Gewächshauskulturen beachtlich ist. Auf der Unterseite kleiner blutroter Blattflecke erscheinen die Uredo- und Teleutolager des Mahonienrostpilzes (*Uropyxis sanguinea* [Peck.] Arth.), während auf den Mahonienfrüchten und auf den Berberitzensträuchern die Aecidien des wirtswechselnden Schwarzrostes des Getreides (*Puccinia graminis* Pers.) gebildet werden. Auf Koniferen können mehrere wirtswechselnde und nichtwirtswechselnde Rostpilze schädlich auftreten, so der Weymouthskiefernblasenrost (*Peridermium strobi* Kleb.), der im Frühjahr in hellgelben Blasen auf angeschwollenen Ästen und Stämmen erscheint und dessen Uredo- und Teleutolager als Säulenrostpilz (*Cronartium ribicola* Dietr.) auf *Ribes*-Arten für den Zierpflanzen- und Obstbau (S. 67) Bedeutung haben. Andere *Peridermium*-Arten sind Nadelzerstörer der Kiefern. Bei der Fichte ist es der Fichtenblasenrost (*Chrysomyxa rhododendri* de By.), der mit seinen Aecidien auf den Fichtennadeln wächst, während Uredo- und Teleutolager auf Rhododendron-Arten gedeihen.

Brandpilze kommen in einigen Arten an Zierpflanzen vor, darunter hat der eine Blattfleckenkrankheit an Dahlien hervorrufende Brandpilz (*Entyloma dahliae* Syd.) seit seiner Einschleppung in europäischen Ländern große Aufmerksamkeit gefunden. Besonders auf den unteren Blättern der Dahlien, deren Sorten im übrigen recht verschieden anfällig sind, zeigen sich zuerst hellgrüne, später in der Mitte braune runde Flecke, die ausfallen und schließlich die Blätter vertrocknen lassen. Die Veilchen leiden zuweilen unter einem Schwielenbrand (*Tuburcinia violae* [F. d. W.] Liro). Auf Blättern, Blatt- und Blütenstielen entstehen Auftreibungen, in denen die schwarzen Brandsporen entwickelt werden. Gelegentlich zeigt sich auch ein Brandpilz auf Schneeglöckchen (*Urocystis galanthina* Pape) mit ähnlichem Krankheitsbild.

Unter den *Basidiomycetes* verdient wegen ihres auffälligen Aussehens und ihrer Bedeutung als Quarantäneobjekt die Ohrläppchenkrankheit der Azaleen (*Exobasidium japonicum* Shir.) besondere Erwähnung. Der Pilz läßt die befallenen Blätter zu fleischig verdickten, bleichgrünen und weißbereiften Klumpen auswachsen. Auch ganze Triebspitzen können bei anfälligen Sorten verunstaltet werden. Zu nennen sind schließlich für Laub- und Nadelgehölze die holzzerstörenden Baumschwämme und Blätterpilze (*Hymenomycetineae*), wie sie auch für den Obstbau (S. 72) wichtig sind, außer diesen aber noch zahlreiche andere Blätterpilze (*Agaricus*) und Porlinge (*Polyporus*).

III. Schädlinge im Zierpflanzenbau

Bei den Zierpflanzen, Gehölzen wie Stauden, im Freiland und unter Glas haben die durch **saugende Schädlinge** entstehenden Krankheiten und Beschädigungen größte wirtschaftliche Bedeutung. Die Schädlinge rufen schwere Wachstumsschäden hervor, sie verunstalten die Pflanzen, verschmutzen sie durch Honigtauausscheidungen mit nachfolgendem Rußtauauftreten, durch klebrige Wachsausscheidungen und spielen in zahlreichen Arten auch eine gewichtige Rolle als Überträger von Viren. Manche aus wärmeren Ländern eingeschleppte Arten, wie bestimmte Schmier- und Schildläuse oder Blasenfüßer, sind zu den gefährlichsten und sehr schwer bekämpfbaren Schädlingen der Warmhauspflanzen geworden.

Unter den Blattläusen richtet die auch im Gemüsebau (S. 133) so bedeutungsvolle Schwarze Bohnenlaus (*Aphis fabae* Scop.) auf ihren Hauptwirtspflanzen Pfaffenhütchen und Schneeball im Frühjahr durch ihre Fundatrigenien oft schwerste Saugschäden an, ehe die Abwanderung auf die krautartigen Nebenwirtspflanzen, zu denen auch die Dahlien gehören, vonstatten geht. Die Sträucher des Falschen Jasmins (*Evonymus japonica* Thunbg.) sind in der Regel massenhaft von der Art besiedelt, auch von Virginogenien während des ganzen Sommers. Die grüngefärbte Große Rosenlaus (*Macrosiphum rosae* L.) saugt alljährlich in dicht besetzten Kolonien an den Trieben und Blütenstielen der Rosen und siedelt im Sommer auf ihre Nebenwirtspflanzen, Karden- und Baldriangewächse, über. Auch die allgemein verbreitete und als Virusvektor so bedeutungsvolle Grüne Pfirsichblattlaus (*Myzus persicae* Sulz.) kommt auf zahlreichen Stauden und Gehölzen des Zierpflanzenbaus vor, in anholozyklischer Entwicklung auch als Gewächshausblattlaus. Zu beachten ist jedoch, daß es eine ganze Reihe ähnlich aussehender Blattlausarten mit speziellen Wirtspflanzen gibt. Wichtige Gewächshausblattläuse sind neben der Pelargonienlaus (*Acyrthosiphon pelargonii* Kalt.) die Gefleckte Gewächshauslaus (*Aulacorthum circumflexum* Buckt.) und die Gurkenblattlaus (*Aphis gossypii* Glov.). Als auffällige Blattläuse an Laubgehölzen sind die durch weiße Wachsausscheidungen kenntliche, auf der Unterseite der Blätter saugende Buchenlaus (*Phyllaphis fagi* L.) und die durch ihre starke Honigtauerzeugung beachtliche, ebenfalls blattunterseits saugende Ahornblattlaus (*Drepanosiphon platanoidis* Schrk.) sowie die Birkenblattlaus (*Euceraphis punctipennis* Zett.) zu den Zierläusen gehörende, nicht wirtswechselnde Arten. In manchen Jahren ist die auf Nadelhölzern als Wurzellaus auftretende wirtswechselnde Wollige Geißblattlaus (*Stagona xylostei* Deg.) auf Heckenkirschen (*Lonicera*) recht auffällig.

Auf den Nadelhölzern der Gärten, Zieranlagen und Parks treten die durch weiße Wachsausscheidungen kenntlichen Wolläuse oder Tannenläuse (*Adelgidae*) dadurch recht lästig in die Erscheinung, daß sie durch ihre Saugtätigkeit die Nadeln der Maitriebe verkrümmen oder einrollen lassen, die Triebe verunstalten oder an ihnen die bekannten ananasähnlichen, mehrkammerigen Gallen entstehen lassen oder auch in dichten Kolonien an der Rinde saugen. Die Tannenläuse, darunter auch eingeschleppte Arten, haben einen komplizierten Wirtswechsel zwischen den verschiedenen Koniferen, der durch den Anbau der zahlreichen ausländischen Nadelhölzer auch bei uns möglich geworden ist und so zu schlimmen Schäden führen kann. Die zahlreichen Arten (*Pineus*, *Dreyfusia*, *Adelges*, *Gilleteella*, *Sacchiphantes*) überwintern als Fundatrix-Junglarven, die aus den befruchteten Eiern bereits im Hochsommer geschlüpft sind, und leben als Fundatrigenien, wenn solche entwickelt werden, in den Gallen an den Maitrieben von Fichten. Die Virginogenien entwickeln sich auf Tannen, Kiefern, Lärchen, Douglasien, dabei auf bestimmte Koniferenarten streng spezialisiert.

Merklicher Saugschaden kann an Zierpflanzen auch durch Zikaden angerichtet werden, etwa durch die Rosenzikade (*Typhlocyba rosae* L.), indem die Blätter weißlich gesprenkelt werden, vertrocknen und abfallen, oder durch die verbreitete grüne Kleinzikade (*Chlorita flavescens* F.) an den Blättern der Dahlien, verschiedener Zierstauden und Ziergehölze. Kennzeichnend für solche Kleinzikaden sind die massenhaft an der Unterseite der besogenen Blätter haftenden Häute der Larven und Nymphen. Durch die Saugtätigkeit von Blattflöhen können die Blätter immergrüner, hartlaubiger Ziergehölze vergallen, wie durch den Buchsbaumblattfloh (*Psylla buxi* Geoffr.), der die Blätter des Buchsbaums löffelförmig oder halbkugelig verkrümmen läßt, oder durch den Lorbeerblattfloh (*Trioza alacris* Flor.), indem sich die Lorbeerblätter am Rande unter Verdickung und Gelb- oder Rotfärbung nach unten einrollen.

In Gewächshäusern gehören Mottenschildläuse (*Trialeurodes vaporariorum* Westw.) als „Weiße Fliegen" zu den schlimmsten saugenden Schädlingen, nicht zuletzt auch wegen ihrer starken Honigtauproduktion und wegen der nachfolgenden Verschmutzung mit Rußtaupilzen. Im Freien tritt eine ebenfalls eingeschleppte Art (*Dialeurodes chittendeni* Laing) mitunter massenhaft an Rhododendronkulturen auf. Auch Schildläuse sind mit die gefährlichsten Schädlinge der Gewächshauspflanzen, aber auch immergrüner Ziergehölze. So sind bekanntlich für Deckel- (*Aspidiotus*, *Aonidia*, *Diaspis* und andere) und Napfschildläuse (*Lecanium*, *Pulvinaria* und andere) sowie für Schmierläuse (*Pseudococcus*, *Eriococcus*, *Ceroputo* und andere) besonders empfänglich Lorbeer, Oleander, Myrten, Kamellien, Palmen, Ficus, Orchideen, Bromelien, Kakteen. Zu erwähnen sind ferner die Mießmuschelschildläuse (*Chionaspis*) auf Laubgehölzen und ähnliche (*Leucaspis*) auf Nadelhölzern.

Wanzenschäden durch Blindwanzen (*Lygus*) treten in trockenen warmen Jahren in erheblichem Ausmaße an Dahlien, Astern, Chrysanthemen durch Verkräuselungen der Blätter und Mißbildungen auch der Blütenknospen und Blüten in die Erscheinung. An Rhododendren und Azaleen richten gelegentlich Hautwanzen (*Stephanitis rhodendri* Horv., *Stephanitis oberti* Kol.) schweren Saugschaden an den Blättern an. Besonders gefährlich wird ein Schaden durch Blasenfüßer an Gewächshauspflanzen. Hauptschädling ist hier der als „Schwarze Fliege" bekannte Gewächshausblasenfuß (*Thrips haemorrhoidalis* Bché.), aber auch zahlreiche andere Arten kommen vor. *Asparagus sprengeri* Rgl. erleidet Blattkräuselungen und Triebstauchungen; Begonien, Cyclamen, Gloxinien, Orchideen bekommen Blattverkrüppelungen, Kork- und Silberflecke auf Blättern und

Blüten, bei Gewächshausnelken verkrüppeln die Blütenknospen und bleiben stecken. Große Bedeutung hat der eingeschleppte Gladiolenblasenfuß (*Taeniothrips simplex* Moris) erlangt, der die Freilandkulturen durch die gleichen Krankheitssymptome und Beschädigungen schwer heimsucht.

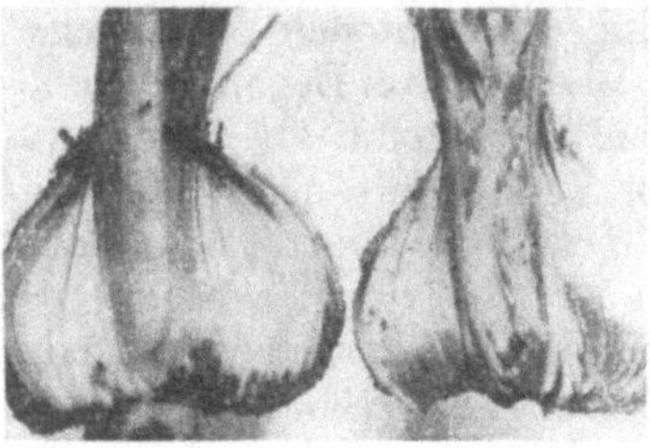

Abb. 20. Wurzelmilbenschaden an Hyazinthen

Unter den **Milben** sind Spinnmilben auch im Zierpflanzenbau sehr beachtliche saugende Schädlinge. Neben der Lindenspinnmilbe (*Tetranychus telarius* L.), die das oft beobachtete vorzeitige Vergilben und Abfallen der Lindenblätter besonders an den Straßenbäumen bewirkt, spielt meißt die Gemeine Spinnmilbe (*T. urticae* Koch) bei ihrer Polyphagie im Freiland als Schädling an Malven, Stockrosen, Dahlien, Rosen, Veilchen sowie im Gewächshaus an Nelken, Palmen, Kakteen und anderen eine Rolle. Den Nadelhölzern wird manchmal die Fichtenspinnmilbe (*Paratetranychus ununguis* Jac.) durch das Saugen an den Nadeln gefährlich. In Gewächshauskulturen sind seit einigen Jahren Weichhautmilben (*Tarsonemus pallidus* Banks) an Cyclamen, Efeu, Begonien und anderen sehr schädlich geworden, weil die winzigen, versteckt lebenden Milben durch ihre Saugtätigkeit Blätter, Triebe, Knospen und Blüten verkümmern lassen oder mißbilden. Gallmilben sind bekannt als Erreger der „Wirrzöpfe" oder „Klunkern" an Hängeweiden oder der Knospensucht (Hexenbesen) am Flieder. Noch zahlreiche andere Arten kommen auf den verschiedensten Zierpflanzen vor, ohne sie jedoch merklich zu schädigen. Schlimmer wirkt sich bei Blumenzwiebeln die Tätigkeit von Wurzelmilben (*Rhizoglyphus echinopus* Fum. et Rob.) aus. Die Milben leben zwischen den Zwiebelschuppen oder im Zwiebelboden, zerstören die Zwiebeln oder schädigen den Austrieb (Abb. 20).

Erhebliche Bedeutung haben **Nematoden** oder Älchen im Zierpflanzenbau. In den Blättern von Begonien, Gloxinien, Farnen, Coleus, Calceolaria, Orchideen, Usambaraveilchen und anderen leben Blattälchen (*Aphelenchoides fragariae* [Ritz.-Bos] Christie). Die Blätter bekommen durch die Blattadern begrenzte dunkle Flecke oder undeutliche glasige Stellen, die allmählich vertrocknen oder verfaulen und schließlich das ganze Blatt vernichten. Eine zweite Art (*Aphelenchoides ritzema-bosi* Schwartz) schädigt Chrysanthemen und kommt auch an Dahlien vor. Die Pflanzensorten sind für einen Blattälchenbefall ganz verschieden empfänglich. Das Stengelälchen (*Ditylenchus dipsaci* Kühn), das an landwirtschaftlichen Kulturpflanzen in mehreren biologischen Rassen auftritt, ist an Zierpflanzen offensichtlich ebenfalls biologisch differenziert. Bei Nelken bewirken die Älchen einen büschelartigen Wuchs mit verkürzten Stengelgliedern und mißgebildeten Blättern, beim Phlox treten zur Triebstauchung als auffälliges Symptom eine Kräuselung und rankenartige Verschmälerung der Blätter hinzu. Bei Hyazinthen und Narzissen kommt es zur „Ringelkrankheit", indem die Zwiebeln im Querschnitt dunkle Ringe erkennen lassen, der Austrieb steckenbleibt und die Blätter wellig verbogen und verdickt sind, bei Narzissen mit charakteristischen knötchenartigen Schwellungen im Blattgewebe. Wurzelgallenälchen (*Meloidogyne*) rufen wie bei den Gemüsepflanzen (S. 137) auch bei den Zierpflanzen vornehmlich in Gewächshauskulturen Wurzelgallen hervor, wodurch die Pflanzen im Wachstum gehemmt werden. Begonien, Gerbera Cyclamen (Abb. 21), Primeln, Kakteen, aber auch Freilandpflanzen wie Clematis, Maiblumen, Gladiolen, Päonien, Rosen werden gelegentlich befallen. In letzter Zeit ist auch die Bedeutung freilebender Nematoden (*Pratylenchus* und andere), die nur zeitweise in Pflanzenwurzeln leben und im Massenauftreten zu Parasiten werden, für Gehölze und Stauden im Zierpflanzenbau erkannt worden. Die Älchen bewirken eine „Bodenmüdigkeit" bei den betroffenen Kulturen.

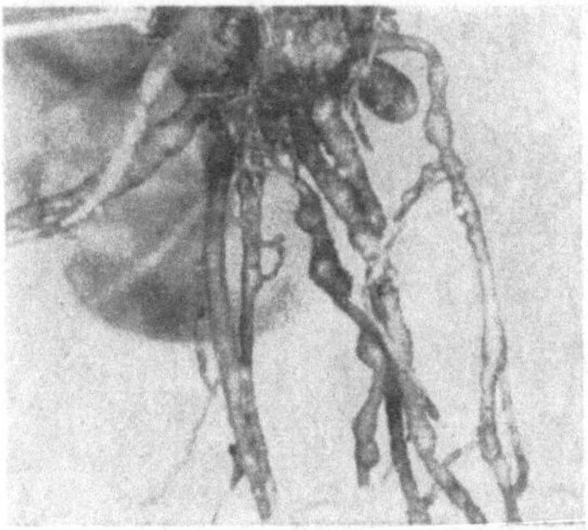

Abb. 21. Von Wurzelgallenälchen befallene Cyclamenwurzeln

Für die Zierpflanzenanzuchten und für Kulturen unter Glas und im Freiland spielen die **Bodenschädlinge** die als Gemüsepflanzenschädlinge genannt sind (S. 120), eine beachtliche Rolle. Zu ihnen kommen in den Anzuchten von zarten Zierpflanzensämlingen und in Topfkulturen die schlanken weißlichen Larven von Trauermücken (*Sciaridae*) sowie Springschwänze (*Collembola*), die vornehmlich in versauernder Erde massenhaft auftreten können, ferner Tausendfüßer und Asseln. Auch Nacktschnecken können in Gewächshauskulturen schlimme Schädlinge werden, so bei Orchideen, Crassulaceen, Kakteen; in Farnkulturen wird die Farnschnecke (*Agriolimax laevis* Müll.) durch Fensterfraß an den Wedeln gefährlich.

Spezifische Schädlinge im Zierpflanzenbau sind **Dickmaulrüßler** (*Otiorrhynchus*). Die Larven des Gefurchten Dickmaulrüßlers (*O. sulcatus* L.) werden häufig mit Moor-

oder Heideerde, auch mit Komposterde in die Gewächshäuser eingeschleppt. Die Käfer dringen auch selbst zur Eiablage in die Häuser ein. Der Wurzelfraß der Larven wird den Cyclamen, Primeln, Gloxinien, Farnen, Azaleen und anderen sehr gefährlich. Im Freiland erleiden Laubgehölze durch diesen Käfer und verwandte Arten (*O. rotundatus* Sib., *O. lugdunensis* Boh., *O. singularis* L., *O. ovatus* L. und andere) Knospen- und Blattschäden,

Abb. 22. Dickmaulrüßlerfraß an Fliederblättern

wobei die vom Blattrande her genagten Einbuchtungen sehr charakteristische Fraßstellen sind (Abb. 22). Flieder, Liguster, Rhododendron, Azaleen, Kamellien, Rosen werden am häufigsten geschädigt. An Nadelhölzern, wie Eibe, Fichte, Lebensbaum, werden die Triebe geringelt, so daß sie absterben. Der Fraß der flugunfähigen Käfer geschieht des Nachts.

Raupenfraß tritt an Ziergehölzen und Zierstauden durch viele polyphage Spinner-, Wickler-, Motten- und Eulenraupen ein, die im allgemeinen auch als Obst- oder Gemüseschädlinge genannt sind. Daneben haben an bestimmte Zierpflanzen angepaßte, auch eingeschleppte Arten Bedeutung: Azaleenwickler (*Acalla schalleriana*

L.), der Nelkenwickler (*Tortrix pronubana* Hb.), die zwischen versponnenen Blättern nagen und die Blätter zerstören. Minierer in den Blättern oder Nadeln sind die Raupen der Azaleenmotte (*Gracilaria azaleella* Brants), der Fliedermotte (*G. syringella* F.), die auch Liguster, Deutzie, Esche befällt, der Goldregen-Miniermotte (*Cemiostoma laburnella* St.), der Lärchen-Miniermotte (*Coleophora laricella* Hb.).

Ein beachtlicher in Blättern minierender Schädling ist die polyphage Made einer Minierfliege (*Phytomyza atricornis* Meig.), die auffällige geschlängelte Gangminen in den Blättern von Chrysanthemen, Cinerarien, Margueriten und anderen ausfrißt. Fliegenmaden können den Nelkenkulturen (*Hylemyia*-Arten) oder den Blumenzwiebelkulturen als Große (*Merodon equestris F.*) oder Kleine Narzissenfliege (*Eumerus strigatus* Fall.), auffällig bunt gefärbte oder gezeichnete große Fliegen, deren Larven in den Blumenzwiebeln fressen, gefährlich werden. Zu erwähnen sind schließlich Blattwespenlarven, die entweder die Blätter vom Rande her bis zum Kahlfraß befressen, wie etwa bei der Akelei (*Pristiphora alnivora* Htg.) oder bei Rosen (*Arge rosae* L., *Calira aethiops* F.), oder die im Innern der Triebe bohren, wie bei den Rosen (*Ardis brunniventris* Htg., *Monophadnus elongatulus* Kl.).

IV. Chemotherapie im Zierpflanzenbau

Für die Anwendung chemischer Pflanzenschutzmittel bestehen, soweit es sich um Zierstauden handelt, im Zierpflanzenbau Voraussetzungen und Gegebenheiten, die denen im Gemüsebau (S. 138) gleichen oder doch sehr ähnlich sind. Auch im Zierpflanzenbau sind die Saatgutbeizung und der Schutz der Anzuchten vordringlich, wobei aber die Tatsache beachtlich ist, daß bei der sehr oft langen und schwachen Keimung der Samen die Gefahr eines Befalls durch Schwächeparasiten, teils über das Saatgut, teils vom Boden her, groß ist und daher Beizmittel mit Wirkstoffen aus Thiocarbamaten, Captan, Thiuram vorzuziehen sind. Die Empfindlichkeit der Arten und Sorten ist besonders bei Pflanzen zu berücksichtigen, die in wärmeren Klimabereichen heimisch sind. Unter Umständen erweisen sich aus einem Fungizid + Insektizid kombinierte Beizmittel gerade im Zierpflanzenbau als recht vorteilhaft. Zur Bodenentseuchung und Bodenbehandlung kommen die gleichen Verfahren wie im Gemüsebau in Betracht. Bei der Bedeutung der Nematoden oder Älchen für den Zierpflanzenbau werden im allgemeinen chemische Entseuchungsmittel mit nematizidem Effekt zweckmäßig sein. Auch die Boden- und Erddämpfung tötet Nematoden ab. Bei der Bekämpfung der Nematoden darf jedoch nicht außer acht gelassen werden. daß nicht etwa nur die oberste Bodenschicht bei der Entseuchung behandelt wird. Selbstverständlich ist zu vermeiden, daß mit Nematoden befallene Pflanzen oder Pflanzenteile auf den Komposthaufen gelangen, um nicht von hier aus die Anzucht- und Kulturerden wieder zu verseuchen. Müssen von kranken Pflanzen Stecklinge genommen werden, sollen die Mutterpflanzen und die Stecklinge vorher nematodenfrei gemacht werden (systemisch wirkende Nematizide).

Im Zierpflanzenbau unter Glas bietet sich besonders an das Köderverfahren gegen wandernde, tagsüber versteckt lebende Schädlinge wie Schnecken, Tausendfüßer, Asseln, Dickmaulrüßler, entweder lediglich durch Herrichten künstlicher Schlupfwinkel aus Holzwolle, Papier, Blumentopfscherben und dergleichen oder durch Darreichen von Giftködern oder Gifttränken.

Bestandsbehandlungen mit Fungiziden müssen bei deren prophylaktischer Wirksamkeit rechtzeitig eingeleitet und wiederholt werden. Dabei sind, wenn es sich um verkaufsfähige Pflanzen handelt, Präparate unter Beachtung entsprechender Karenzzeiten zu verwenden, um eine zu starke Verschmutzung zu vermeiden. Während Fleckenpilze, Echter Mehltau und Rostpilze nach dem Umfange ihres Auftretens oft nur Schönheitsfehler darstellen, kann das aber bei Zierpflanzen schon genügen, um sie zu entwerten. Daher sind vorbeugende Behandlungen bei erfahrungsgemäß für diese Pilze empfänglichen Sorten immer notwendig. Für die Bekämpfung von Rostpilzen liegt dabei ein Fortschritt darin, daß Thiocarbamate und Systemfungizide sich als recht wirksam gegen solche Pilze erweisen. Von den Insektiziden werden im Zierpflanzenbau am meisten Phosphorinsektizide wegen ihrer Tiefenwirkung und auch systemischen Wirkung angewandt, da sie nicht nur die saugenden und minierenden Schädlinge, die ja Hauptschädlinge der Zierpflanzen darstellen, am besten bekämpfen, sondern auch gegen andere Schädlinge wirksam sind. Die Beobachtung, daß Resistenzerscheinungen auch gegen Phosphorinsektizide, besonders bei den Spinnmilben, vorkommen, zwingt dazu, mit den spezifischen Wirkstoffen innerhalb dieser Insektizidgruppe zu wechseln und auf Spezial-Akarizide überzugehen. Bei deren Verwendung muß man jedoch vorher die Verträglichkeit der Pflanzenarten und ihrer Sorten an Einzelpflanzen phytotoxisch testen, wie überhaupt ein solches Testen bei jedem bisher noch nicht angewandten Pflanzenschutzmittel im Zierpflanzenbau ganz allgemein ratsam ist.

Ausgebracht werden die Pflanzenschutzmittel im Spritz- oder Sprühverfahren oder auch im Stäubeverfahren durch entsprechende Geräte mit Handschub oder als rückentragbare Sprüh- oder Stäubegeräte mit Hand- oder Motorantrieb auf Kleinflächen und im Gewächshaus oder durch Motorgeräte auf Großflächen im Freiland. Hier wird auf schwer zugänglichem Gelände oder in Baumschulen das Nebelverfahren zu einer praktischen und wirtschaftlichen Maßnahme, soweit es sich um die Bekämpfung von Schädlingen handelt. Unter Glas ergeben sich oft beste Erfolge im Räucher- oder Begasungsverfahren, auch mit Heißnebelmitteln.

Literaturverzeichnis

BREMER, H., Gemüse und Küchenkräuter. In: von KIRCHNER und RADEMACHER, Krankheiten und Beschädigungen unserer Kultur- und Nutzpflanzen. Eugen Ulmer, Stuttgart 1962, Bd. V.

DECKER, H., Phytonematologie. Biologie und Bekämpfung pflanzenparasitärer Nematoden. Deutscher Landwirtschaftsverlag, Berlin 1969.

FRANZ, J. M., Biologische Schädlingsbekämpfung. In: SORAUER, P., Handbuch der Pflanzenkrankheiten. Paul Parey, Berlin und Hamburg 1961, 2. Aufl., Bd. VI, 3. Lieferg.

FRIEDRICH, G., Verhütung von Frostschäden im Obstbau. Die Deutsche Landwirtschaft 7, 1956, S. 135.

FRIEDRICH, G. und SCHWOPE, D., Zusatzbewässerung und Frostschutzberegnung im Obstbau. Der Deutsche Gartenbau 5, 1958, S. 104.

FRITZSCHE, R., Pflanzenschädlinge. Bd. 3 Milben. Neumann, Radebeul 1964.

FRITZSCHE, R., GEILER, H. und SEDLAG, U., Angewandte Entomologie. Gustav Fischer, Jena, 1968.

KIRCHNER, H. A., Grundriß der Phytopathologie und des Pflanzenschutzes. Gustav Fischer, Jena, 1967.

KLINKOWSKI, M., Pflanzliche Virologie. Akademie-Verlag, Berlin 1967/68, Bd. I und II, 2. Aufl.

KLINKOWSKI, M., MÜHLE, E., REINMUTH, E. und Bochow, H., Phytopathologie und Pflanzenschutz. Akademie-Verlag, Berlin, 1974, 1965/68, Bd. I—III, 2. Aufl.

MÜLLER, E. W., Pflanzenschutz bei Blumen und Zierpflanzen. Deutscher Landwirtschaftsverlag, Berlin 1968, 3. Aufl.

OERTEL, C., Probleme der Viruskrankheiten im Zierpflanzenbau. Archiv für Gartenbau 10, 1962, S. 88.

PAPE, H., Krankheiten und Schädlinge der Zierpflanzen und ihre Bekämpfung. Paul Parey, Berlin und Hamburg 1955, 4. Aufl.

SCHMIDT, M., Pflanzenschutz im Obstbau. Deutscher Landwirtschaftsverlag, Berlin 1966, 2. Aufl.

SCHMIDT, M., Pflanzenschutz im Gemüsebau. Deutscher Landwirtschaftsverlag, Berlin 1964, 2. Aufl.

SCHWOPE, D., Frostschutz durch Geländeheizung im Obstbau. die Deutsche Landwirtschaft 11, 1960, S. 186.

SPAAR, D., KLEINHEMPEL, H. und MÜLLER, H. M., Mykoplasmen als mögliche Erreger von Pflanzenkrankheiten. Arch. Pflanzenschutz 8, 1972, S. 175.

STAPP, C., Bakterielle Krankheiten, Bakteriosen, einschließlich Streptomykosen. In: SORAUER, P., Handbuch der Pflanzenkrankheiten. Paul Parey, Berlin und Hamburg 1956, 6. Aufl., Bd. II, 6. Lieferg.

Sachregister

Der Verfasser

- gibt in diesem Band einen Überblick über die Vielfalt der Krankheiten und Schädlinge im Obst-, Gemüse- und Zierpflanzenbau

- schildert die Aufgaben und Möglichkeiten eines sachgerechten Pflanzenschutzes unter Berücksichtigung sowohl der Belange des industriemäßig betriebenen Gartenbaues als auch des Klein- und Hausgartenbaues

- vermittelt dem Praktiker in den verschiedensten Ebenen der Primär- und Folgeproduktion (Verarbeitungsindustrie), dem Studenten des Gartenbaues und der Land- und Nahrungsgüterwirtschaft und nicht zuletzt auch dem Klein- und Hausgärtner ein gutes Rüstzeug für seine Arbeit

WISSENSCHAFTLICHE TASCHENBÜCHER

FSC
www.fsc.org
MIX
Papier | Fördert
gute Waldnutzung
FSC® C083411

Kolibri 360 GmbH
Ferdinand-Jühlke-Straße 7
99095 Erfurt, Deutschland
produktsicherheit@kolibri360.de